Neue Tabellen und Diagramme für technische Feuergase und ihre Bestandteile von 0° bis 4000° C

mit Einschluß der Dissoziation nebst Begründung und Anwendungen

von

Prof. Dipl.-Ing. **W. Schüle**

Erstes Beiheft zu „Technische Thermodynamik"

Mit 51 Textabbildungen und 2 Tafeln

Springer-Verlag Berlin Heidelberg GmbH

ISBN 978-3-662-01766-1 ISBN 978-3-662-02061-6 (eBook)
DOI 10.1007/978-3-662-02061-6

Ursprünglich erschienen bei Julius Springer in Berlin 1929
Softcover reprint of the hardcover 1st edition 1929

Vorwort.

Die vorliegende Arbeit verdankt ihre Entstehung meiner wissenschaftlichen Mitarbeit an wichtigen Aufgaben der praktischen Wärmetechnik. Um möglichst sichere Grundlagen für die thermischen Grundwerte der technischen Feuergase zu gewinnen, begann ich vor nunmehr 6 Jahren mit einer völligen Neubearbeitung der vielen von zahlreichen Forschern ausgeführten Explosionsversuche auf Grund der ursprünglichen Versuchsberichte, in ähnlicher Weise wie ich dies früher (1911) für den Wasserdampf durchgeführt hatte. So ist die vorliegende Arbeit zu einer Fortsetzung und wesentlichen Erweiterung und Ergänzung meines im Jahre 1916 in der Zeitschrift des Vereins deutscher Ingenieure erschienenen Aufsatzes über die thermischen Eigenschaften der technischen Feuergase geworden.

Das Ergebnis dieser sehr umfangreichen Arbeit, die oft unterbrochen und auf Grund neuer Versuche ergänzt und geändert werden mußte, wurde in Form einer wissenschaftlichen Abhandlung zusammengefaßt und sollte als solche veröffentlicht werden. Da sich dies aus äußerlichen Gründen nicht durchführen ließ, wurde die Arbeit ungekürzt als erstes Beiheft zu meinem Lehrbuch der Technischen Thermodynamik gedruckt, wofür ich der Verlagsbuchhandlung besonderen Dank schulde. Dadurch ist jedem die Möglichkeit geboten, die Herkunft der in den Tabellen und Diagrammen enthaltenen Werte zu prüfen, und den jüngeren Fachgenossen wird ein umfassendes und, wie ich hoffe, lehrreiches Beispiel der Beurteilung, Bearbeitung und weittragenden Bedeutung wissenschaftlicher Versuche geboten. Unter den zahlreichen Anwendungen sei besonders auf die neue Berechnung der Temperatur und Zusammensetzung der Azetylen-Schweißflamme hingewiesen, sowie auf die graphische Skala der Verbrennungstemperaturen und Dissoziationsgrade.

Ein Teil des Inhaltes der Arbeit ist in der kürzlich im Verlag von Orell Füßli in Zürich erschienenen Festschrift zum 70. Geburtstag von Professor Dr. A. Stodola unter dem Titel „Über die spezifische Wärme der technischen Feuergase im Dissoziationsgebiet“ erschienen.

Essen, den 1. September 1929.

W. Schüle.

Inhaltsverzeichnis.

Seite

III. Wärmeaufnahme der Feuergase bei konstantem Druck und bei konstantem Volumen im Dissoziationsgebiet und die maximalen Verbrennungstemperaturen.

Seite

IV. Unvollständige Verbrennung.

V. Nachtrag.

Anhang.

Tafeln im Anhang.

I. Allgemeine Grundlagen und Berechnung der inneren Energie und der spezifischen Wärmen aus den Explosionsversuchen.

1. Einleitung.

Im Jahre 1916 ist vom Verfasser eine Wärmetafel für technische Feuergase und ihre Bestandteile veröffentlicht worden[1]. Die in dieser Tafel enthaltenen Werte der inneren Energie, des Wärmeinhalts und der Entropie beruhen auf den damals bekannten Werten der mittleren spezifischen Wärmen, wie sie insbesondere für Feuertemperaturen aus den bis dahin bekannten Explosionsversuchen von den einzelnen Forschern hergeleitet worden waren. Die Dissoziationsverhältnisse waren dabei außer Betracht geblieben.

Zu einer Neubearbeitung des gesamten umfangreichen Materials an Explosionsversuchen gaben mir die folgenden Umstände Veranlassung. Im Jahre 1919 erschienen die Wärmetabellen der Physikalisch-Technischen Reichsanstalt von Holborn, Scheel und Henning, nach denen die einfachen Gase eine wesentlich geringere Zunahme der spezifischen Wärmen mit der Temperatur zeigen, als die bekannten Langenschen Werte[2]. Ferner sind im Anschluß an die früheren Versuche von Pier[3] und Bjerrum[4] weitere Explosionsversuche im Nernstschen Laboratorium ausgeführt worden[5], die neues Licht auch auf die früheren Versuche warfen und weitere Aufklärung über die Dissoziationsverhältnisse und die Wärmeverluste brachten.

Die Explosionsversuche von Wheeler[6] brachten ferner näheren Aufschluß über die Art der Fortpflanzung der Flamme in der Kugelbombe und über den Einfluß der inneren Wirbelung. Die Forschungsergebnisse

---

[1] Die thermischen Eigenschaften der einfachen Gase und der technischen Feuergase zwischen 0° und 3000° C. Z. V. d. I. 1916.

[2] Untersuchungen über die Drücke, welche bei Explosionen von Wasserstoff und Kohlenoxyd in geschlossenen Gefäßen auftreten. Forsch.-Arb. V. d. I. 1903, H. 8.

[3] Die spezifischen Wärmen von Argon, Wasserdampf, Stickstoff, Wasserstoff bei hohen Temperaturen. Z. Elektrochem. 1909, S. 536.

[4] Z. physik. Chem. 1912, S. 527.

[5] Siegel, W.: Untersuchungen von Gasgleichgewichten und spezifischen Wärmen nach der Explosionsmethode. Z. physik. Chem. 1914.

[6] Wheeler, R. V.: Gaseous Explosions within closed vessels. Transactions of the first world power conference, London 1924 Bd. 3, S. 71.

von Langmuir[1] über die Dissoziation des Wasserstoffs ermöglichten schließlich eine genauere Berücksichtigung des Einflusses der Dissoziationsverhältnisse bei den wichtigen neueren Explosionsversuchen mit überschüssigem Wasserstoff. Nach der Explosionsmethode wurde neuerdings die Dissoziation des Wasserstoffs im Nernstschen Laboratorium von K. Wohl untersucht[2].

Ein wichtiger Grund für eine Neubearbeitung schien mir auch in der Notwendigkeit zu liegen, die in den Verbrennungskraftmaschinen und Feuerungen eintretende Dissoziation der Kohlensäure und des Wasserdampfs der Feuergase genauer als bisher zu ermitteln und die besonders in der Technik weitverbreitete Ansicht, als käme eine solche Dissoziation technisch kaum irgendwo in Frage, zu berichtigen. Zu berücksichtigen war dabei, daß zwischen den spez. Wärmen der Kohlensäure und des Wasserdampfs einerseits und der Dissoziation dieser Stoffe andererseits ein enger Zusammenhang besteht, und daß die innere thermodynamische Übereinstimmung zwischen den Messungswerten der spezifischen Wärmen und der Dissoziationsgrade herzustellen war. Besonders dieser Umstand ließ es mir notwendig erscheinen, eine vollständige Neuberechnung der spezifischen Wärmen aus den Explosionsversuchen unter einheitlichen Gesichtspunkten und gleichmäßiger Heranziehung aller bekannten Versuche durchzuführen.

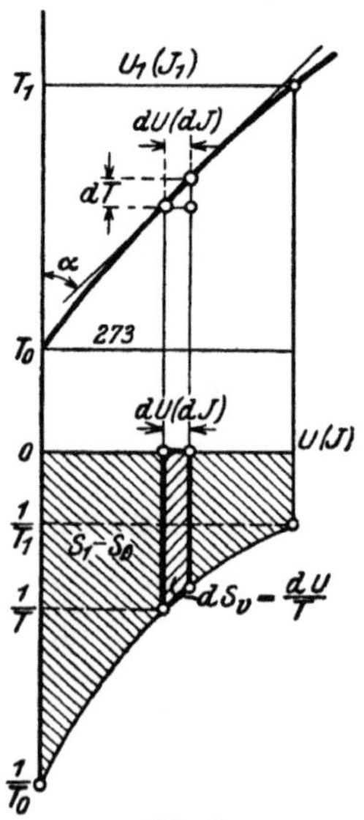

Abb. 1.

Dabei wurde so vorgegangen, daß zunächst nicht die spezifischen Wärmen selbst, sondern die Werte der inneren Energie (U) und des Wärmeinhalts (J) aus diesen Versuchen in Abhängigkeit von der Temperatur hergeleitet wurden.

Diese Werte sind es ja auch, deren die praktische Wärmetechnik in erster Linie bedarf, und deren sichere zahlenmäßige Kenntnis für die Technik am wichtigsten ist. Wenn U und J in Funktion der Temperatur bekannt sind, so kann man auch die spezifischen Wärmen c_v und c_p ermitteln gemäß

$$dU = c_v\, dT$$

$$c_v = \frac{dU}{dT},$$

und zwar graphisch als Tangentenrichtung an die U, T-Kurve Abb. 1; ebenso aus

$$dJ = c_p \cdot dT$$

$$c_p = \frac{dJ}{dT}$$

als Tangentenrichtung an die J, T-Kurve.

---

[1] The Dissociation of Hydrogen into atoms. Tl. II: Calculation of the degree of dissociation and the heat of formation. J. amer. chem. Soc. Bd. 37, S. 417. By Irving Langmuir.

[2] Wohl, Kurt: Die Dissoziation von Chlor und Wasserstoff in die Atome. Tl. I: Die Dissoziation des Chlors; Tl. II: Die Dissoziation des Wasserstoffs. Z. Elektrochem. 1924, Nr 1/4.

Auch die Entropieänderungen bei konstantem Volumen und bei konstantem Druck folgen aus

$$d S_v = \frac{d Q_v}{T} = \frac{d U}{T}$$

und

$$d S_p = \frac{d Q_p}{T} = \frac{d J}{T}.$$

Trägt man in Abb. 1 noch die Werte $\frac{1}{T}$ als Ordinaten nach unten zu Q als Abszissen auf, so ist dS das Flächenelement in Abb. 1 unten und $S - S_0$ die schraffierte Fläche zwischen $\frac{1}{T_0}$ und $\frac{1}{T}$. Man kann also die Entropiewerte auch ohne Kenntnis von c_v und c_p ermitteln, wenn nur U oder J bekannt sind.

2. Die Explosionsversuche.

Über die Explosionsversuche ist folgendes allgemein zu bemerken. Bei den wissenschaftlichen Explosionsversuchen, wie sie von Mallard und Le Chatelier zuerst in großem Umfang durchgeführt wurden[1], wird in einem kugelförmigen Gefäß (Bombe) ein vollkommen gleichförmiges Gemisch aus brennbarem Gas (H_2, CO, CH_4, C_2H_2, C_2H_4, H_2 + CO u. a.) und dem zur Verbrennung erforderlichen Sauerstoff, meist unter Zusatz von sog. inerten Gasen, d. h. solchen, die sich an der chemischen Reaktion nicht beteiligen (N_2 oder überschüssiger O_2, H_2, CO), verbrannt. Das Gemisch wird im Mittelpunkt des Kugelraums elektrisch entzündet. Bei schnell brennenden (scharfen) Gemischen pflanzt sich die Verbrennung kugelförmig fort, wobei dann die kugelförmige Oberfläche des wachsenden Feuerballs erst im letzten Augenblick der Verbrennung die Gefäßwand berührt. Dadurch wird erreicht, daß während der Verbrennung kein Wärmeverlust durch Leitung nach außen stattfindet, ausgenommen den verhältnismäßig kleinen Strahlungsverlust der gasförmigen Feuerkugel. Die Druck-Zeit-Diagramme des Explosionsvorganges in der Kugelbombe zeigen demgemäß unter normalen Umständen bis zum Ende der Verbrennung einen steilen Druckanstieg mit Spitze bei B, Abb. 2, und von da an einen durch die Wärmeabgabe des die gekühlten Wände berührenden Feuers hervorgerufenen stetigen Druckabfall, Abb. 2. Von dieser Art sind z. B. die Pierschen Versuche mit Wasserstoff, bei denen eine rein kugelförmige Bombe und ein optischer Indikator verwendet wurden. Ist dagegen die Bombenoberfläche nicht kugelförmig — Mallard und Le Chatelier benützten wegen der einfacheren Herstellung eine zylindrische Bombe mit einer inneren Länge gleich dem lichten Durchmesser, obwohl sie schon die Bedeutung der Kugelform erkannten — oder besitzt die Kugel an der Einführungsstelle eine Abweichung von der Kugelform, wie bei Langen, so erreicht ein kleinerer oder größerer

[1] Recherches expérimentales et théoriques sur la combustion des mélanges gazeux explosifs. Ann. Mines 1883, S. 274—378 u. 379—568.

Teil der Flammenoberfläche die Bombenwand schon vor der vollständigen Verbrennung. Durch die in diesem Augenblick beginnende kräftige Abkühlung wird der Gasdruck an der Erreichung der vollen abkühlungsfreien Höhe verhindert und das Druck-Zeit-Diagramm erscheint oben abgerundet, Abb. 2, Punkt B'. Eine Abrundung im höchsten Punkt kann jedoch auch durch die Trägheit der bewegten Masse des Indikators verursacht sein, wenn diese, wie bei den Versuchen von Mallard und in geringerem Grade auch bei denen von Langen, zu groß ist, um dem besonders bei scharfen Gemischen sehr raschen Druckanstieg schnell genug zu folgen. Bei den Versuchen von Pier, Bjerrum und Siegel wurde daher nach dem Vorgang von Nägel[1] ein Indikator mit optischer Übertragung der Durchbiegung einer Stahlmembranfeder verwendet.

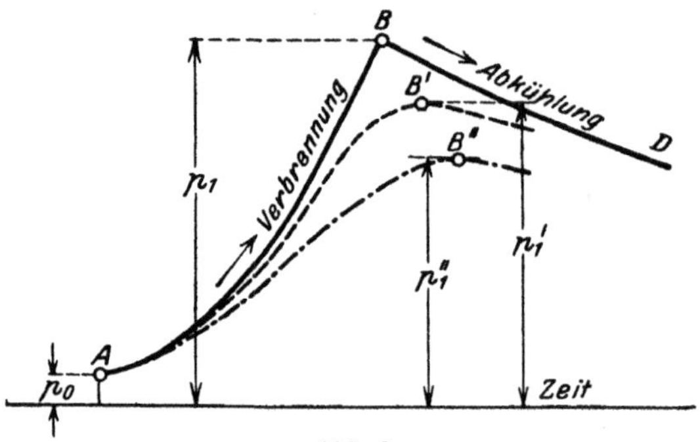

Abb. 2.

Bei langsam brennenden Mischungen, also solchen mit viel inertem Gas oder mit einem an sich langsam brennenden Gas (CO, CH_4), erreicht die Flammenoberfläche nach unmittelbaren Beobachtungen von Wheeler den höchsten Punkt des kugelförmigen Verbrennungsraums früher als den tiefsten. Bei einer Mischung mit 6,4 % Methangehalt der Luft brauchte z. B. die Flamme, um vom Entzündungspunkt (im Kugelmittelpunkt) aus 9,75 cm nach oben fortzuschreiten, 0,260 sec, dagegen 0,468 sec für die gleiche Strecke lotrecht nach unten. Als Grund dieser Erscheinung hat Nusselt schon früher[2] den durch die Erhitzung eintretenden Auftrieb des Feuerballs erkannt, durch den dieser zu einer Vertikalbewegung veranlaßt wird. Nach Wheelers Beobachtung schreitet in einem solchen Fall „die Flamme von der Zündstelle aufwärts in Form eines umgekehrten Kegels fort, füllt das obere Drittel des Bombenraumes aus und schreitet dann langsam abwärts in Form einer horizontalen Scheibe gegen den Boden hin fort". In solchen Fällen findet also eine Abkühlung der Feuergase vor der vollständigen Entflammung des Bombeninhaltes statt, wodurch auch bei rein kugelförmiger Gestalt der Bombe der Druck an der Erreichung der vollen Höhe verhindert wird. Solche Druck-Zeit-Diagramme zeigen dann neben einem erheblich verlangsamten Druckanstieg anstatt einer Spitze oder einer kurzen Abrundung im höchsten Punkt einen flachen abgerundeten Übergang der Verbrennungslinie in die Abkühlungslinie, wie Abb. 2, Linie AB''.

---

[1] Versuche über die Zündgeschwindigkeit explosibler Gasgemische. Forsch.-Arb. V. d. I. 1907, H. 54.

[2] Der Wärmeübergang in der Verbrennungskraftmaschine. Forsch.-Arb. V. d. I. H. 264, S. 39.

Eine weitere besonders für die Beurteilung von Explosionsversuchen mit scharfen Ladungen wichtige Erscheinung ist die Dissoziation der Kohlensäure und des Wasserdampfes, die im Augenblick der vollendeten Verbrennung in dem Feuergas vorhanden ist. Es erscheint in Anbetracht der verbreiteten Ansicht über die geringe technische Bedeutung der Dissoziation besonders bemerkenswert, daß Mallard und Le Chatelier die Abhängigkeit des Dissoziationsgrades der Kohlensäure vom Druck und von der Temperatur, sowie vom Überschuß an O_2 oder CO, bei ihren Explosionsversuchen festgestellt haben, zu einer Zeit als kaum die ersten wissenschaftlichen Erkenntnisse dieser Erscheinung vorlagen. Später sind dann im Nernstschen Laboratorium von Bjerrum und Siegel, zuletzt besonders von K. Wohl Explosionsversuche eigens zu dem Zwecke der zahlenmäßigen Ermittlung des Dissoziationsgrades von CO_2 und H_2O angestellt worden.

Das Auftreten der Dissoziation zeigt sich am deutlichsten, wie Mallard und Le Chatelier erkannten, an der Abkühlungslinie des Explosionsdiagrammes. Besteht im höchsten Punkt keine Dissoziation, so ist der Verlauf der Abkühlungslinie nur bedingt durch den sekundlichen Wärmeverlust der Feuergase an die Wandungen. Die Abkühlungslinie verläuft dann im Druck-Zeit-Diagramm von Anfang bis Ende stetig wie *BD*, Abb. 3 und 2 und man erhält nach Mallard und Le Chatelier gerade Linien, wenn man die Werte des verhältnismäßigen Druckabfalls

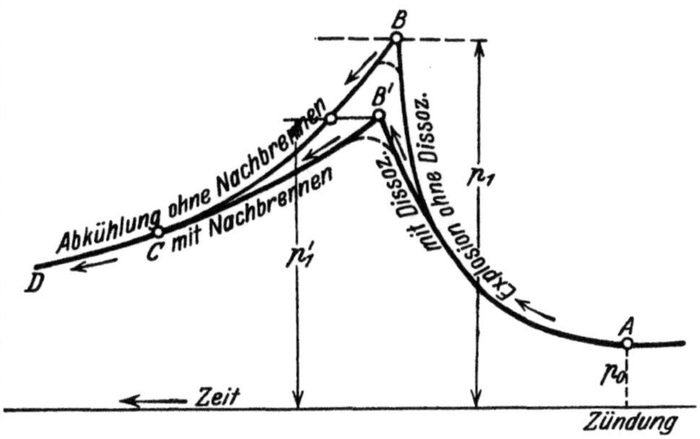

Abb. 3.

$$\frac{1}{p - p_0} \cdot \frac{dp}{dz}$$

als Ordinaten zu den Druckunterschieden $p - p_0$ als Abszissen aufträgt, wie Abb. 3a zeigt[1].

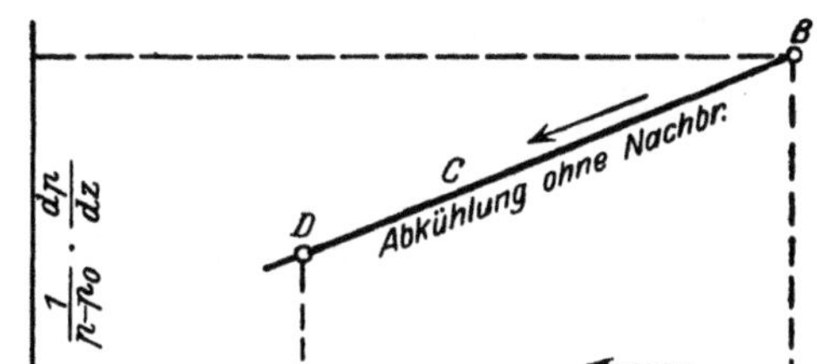

Abb. 3a.

Besteht dagegen beim höchsten Druck Dissoziation im Feuergas, so fällt die Abkühlungslinie zunächst langsamer als bei dissoziationsfreier Abkühlung, weil sich mit der sinkenden Temperatur der Dissoziationsgrad vermindert, wobei

[1] Das Abkühlungsgesetz ist später von Nusselt noch weiter und genauer erforscht worden. Forsch.-Arb. V. d. I. H. 264.

eine innere Wärmeentwicklung (Nachbrennen) stattfindet. Diese innere Wärmezufuhr gleicht den äußeren Wärmeverlust zum Teil wieder aus. Sie besteht so lange, als noch dissoziierte Bestandteile (H_2 und CO) im Feuergas vorhanden sind und als das chemische Gleichgewicht ganz oder wenigstens zum Teil der Temperatur und dem Druck entsprechend sich einstellt. An Stelle von Abb. 3a erhielten in solchen Fällen Mallard und Le Chatelier und später auch A. Langen Abkühlungsdiagramme wie Abb. 4a, b und c, in denen die Strecken $B'C$ die mit Dissoziation behafteten Teile der Abkühlungslinie darstellen[1].

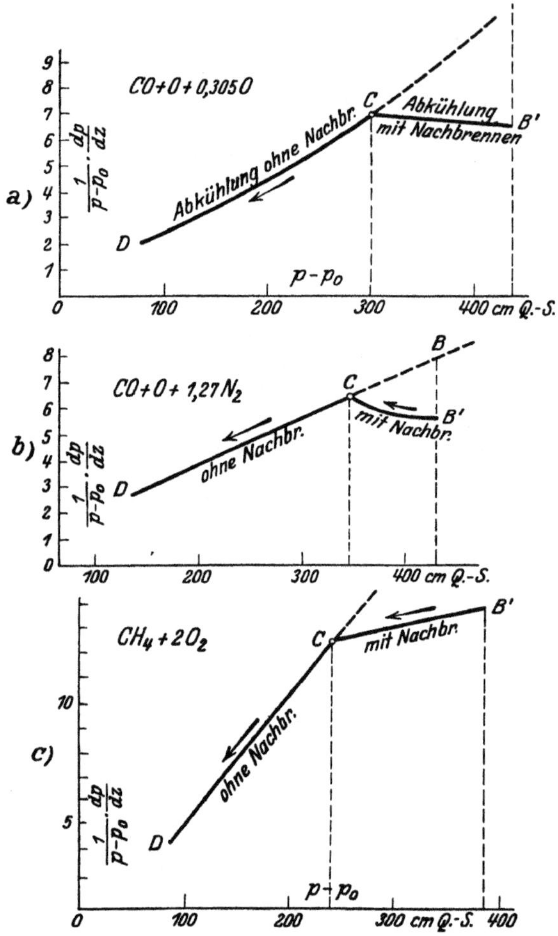

Abb. 4 a—c.

Im Druck-Zeit-Diagramm wird aber nicht nur die Abkühlungslinie, sondern auch die Verbrennungslinie durch die Dissoziation beeinflußt; insbesondere wird der Verbrennungsdruck von p_1 auf p_1' erniedrigt, weil infolge der Dissoziation nicht die ganze Verbrennungswärme frei wird. Abb. 3 läßt erkennen, wie sich (schematisch) die Druck-Zeit-Diagramme ohne und mit Dissoziation gestalten.

Dies ist der dritte Umstand, durch den der für die Berechnung der Werte von U oder J (oder von c_{v_m} oder c_{p_m}) maßgebende Höchstdruck der Explosion beeinflußt werden kann. Diagramme mit nachweisbarer oder zu vermutender Dissoziation sind zur Berechnung von U nicht unmittelbar geeignet, weil ein zunächst unbekannter Teil der Verbrennungswärme der Ladung für die Dissoziation verbraucht wird. Aus diesem Grunde konnte z. B. ein sehr großer Teil der wertvollen Langenschen Versuche zur Berechnung von c_{v_m} von Langen selbst nicht verwendet werden, weil zu jener Zeit (1903) die Dissoziationsgesetze von CO_2 und

[1] Nach Mallard: a. a. O. — Der Abb. 4a, b und c liegt als Zeiteinheit ($z = 1$) die Dauer einer Manometerschwingung zugrunde (0,0305 sec).

H_2O nicht ausreichend bekannt waren. Bei den nachfolgenden Berechnungen sind alle Versuche, auch diejenigen mit beträchtlicher Dissoziation verwendet. Die dabei gewonnenen dissoziationsfreien Werte von U bzw. c_v ermöglichen dann umgekehrt wieder eine genauere Vorausberechnung der Dissoziationsverhältnisse von CO_2 und H_2O allein, sowie in Mischung mit beliebig zusammengesetzten Feuergasen.

Von wesentlicher Bedeutung für die Berechnung ist ferner die gleichmäßige oder ungleichmäßige Verteilung der Temperatur in dem Feuergasinhalt der Bombe am Ende der Verbrennung. Schon Mallard und Le Chatelier hatten erkannt, daß in einer kugelförmigen Bombe bei der Verbrennung ohne gleichzeitige Vermischung eine ungleiche Verteilung der Temperatur entsteht und darüber Berechnungen angestellt. Erheblich erweitert und vertieft wurden diese Berechnungen von Nägel[1]. Es ergab sich, daß in einem nicht wirbelnden Gasgemisch in der Kugelbombe ganz erhebliche Unterschiede in der Temperatur auftreten können, die rechnungsmäßig im Kern der Feuergasmasse höher wird als am Umfang, z. B. innen 2200°, außen 1500°; oder in einem anderen Fall innen 1200°, außen 850°. Wenn eine solche Verschiedenheit wirklich auftritt, dann würde im ersten Falle die Dissoziation von CO_2 im Kern beträchtlich sein, dagegen am äußeren Rand erst beginnen. Bei der starken Zunahme der Dissoziation mit der Temperatur wäre es dann fraglich, ob man aus der Drucksteigerung einen für die mittlere Temperatur zutreffenden Wert des Dissoziationsgrades herleiten könnte.

Ähnliches gilt für die Herleitung von U aus der Drucksteigerung ohne Dissoziation, wenn c_v mit der Temperatur veränderlich ist. Da jedoch die Veränderlichkeit von c_v mit der Temperatur weit geringer ist als die des Dissoziationsgrades und außerdem der Temperaturänderung annähernd proportional, so bleibt der Einfluß der Temperaturunterschiede auf die Drucksteigerung der Explosion aus diesem Grunde in sehr engen Grenzen[2], vermutlich unterhalb der Genauigkeitsgrenze der Versuche überhaupt. Im Verhältnis zu dem erheblichen Einfluß der Abkühlung auf die Drucksteigerung dürfte er verschwindend klein sein.

Bekannt ist ferner der bedeutende Einfluß einer anfänglichen inneren Bewegung (Wirbelung) der Ladung auf die Zeitdauer der Verbrennung, wie besonders von englischen Forschern (Clerk, Hopkinson), in Deutschland von Oechelhäuser und Junkers erkannt worden ist. Wheeler[3] hat darüber neuere Untersuchungen angestellt, deren Ergebnis Abb. 5 zeigt. Mit wachsender

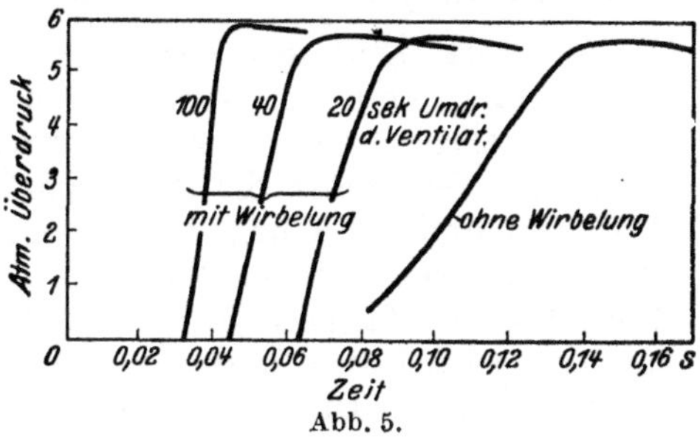

Abb. 5.

[1] A. a. O.

[2] Von Wheeler wird allerdings auf diesen Einfluß erhebliches Gewicht gelegt, dagegen der weit größere Einfluß der Dissoziation auf den Explosionsvorgang nicht erwähnt.

[3] A. a. O.

innerer Wirbelung verläuft die Drucksteigerung von der Zündung bis zum Höchstdruck immer rascher und der Höchstdruck selbst wird größer. Durch die Wirbelung wird nun auch die Temperatur und der Dissoziationszustand in der Bombe ausgeglichen. Es ist möglich, daß sich aus diesem Umstand ein Teil der höheren Drucksteigerung erklärt. Andererseits werden aber auch die Wärmeverluste infolge der schnelleren Verbrennung kleiner, wenn auch wohl nicht im gleichen Verhältnis wie die Verbrennungszeit, weil die stärkere Wirbelung auch einen schnelleren Wärmeübergang bedingt. Dieser Umstand dürfte, neben der ausgeglichenen Dissoziation, der Hauptgrund für den höheren Druck sein.

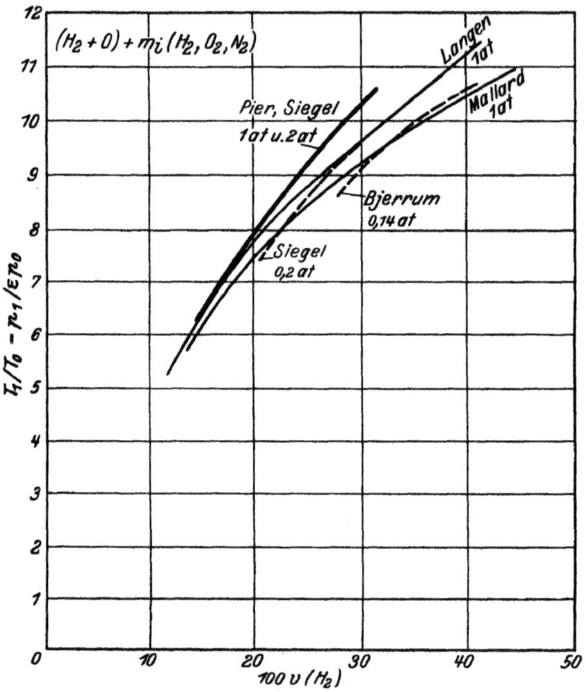

Abb. 6.

Abb. 6 und 7 enthalten eine Übersicht über die Ergebnisse der verschiedenen Explosionsversuche mit H_2,CO und H_2 + CO als brennbaren Gasen. In Abb. 6 sind zu den Raumgehalten $\mathfrak{v}$ (H_2) der Mischungen an brennbarem H_2 als Abszissen die verhältnismäßigen Temperatursteigerungen $\frac{T_1}{T_0}\left(=\frac{p_1}{\varepsilon\, p_0}\right)$ als Ordinaten aufgetragen. Die höchsten Temperatursteigerungen (bzw. Drucksteigerungen) erhielten Pier und Siegel mit Gemischen von p_0 = rd. 1 at und mehr, besonders weil sie die Dissoziation einzuschränken wußten. Wesentlich kleiner sind bei schärferen Gemischen die Werte von Langen und noch kleiner die von Mallard und Le Chatelier, wobei außer der Dissoziation auch die Wärmeverluste und die Trägheit der Indikatoren von wesentlichem Einfluß sind. Kleinere Werte erhielten Siegel und Bjerrum, wenn sie mit Unterdruck der Ladung (p_0 = 0,2 bis 0,14 at abs) arbeiteten, weil dann sowohl die Dissoziation als die Wärmeverluste größer sind als bei höherem Druck.

Abb. 7 zeigt als Ordinaten zu den Raumgehalten an brennbarem CO als Abszissen die Druckverhältnisse $\frac{p_1}{p_0}$, die mit CO und CO + H_2 Explosionen erhalten wurden. Außerdem sind zu $\frac{p_1}{p_0}$ als Ordinaten die dazugehörigen Temperaturen t_1 aufgetragen, gemäß $t_1 + 273$

$= (t_0 + 273) \cdot \frac{p_1}{\varepsilon p_0}$, für $t_0 = 17^0$. Die eingetragenen Kurven stellen die Durchschnittswerte dar.

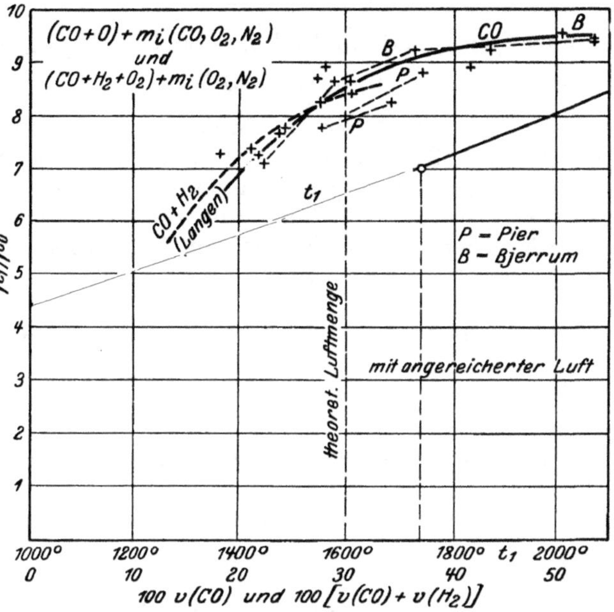

Abb. 7.

3. Die Berechnungsgrundlagen.

a) Zusammensetzung der Ladung und des Feuergases. Die Bombe wird mit einem Gemisch aus gasförmigem Brennstoff (z. B. CO, H_2, CH_4), dem zur Verbrennung gerade erforderlichen Sauerstoff und einer zusätzlichen Menge inerter Gase gefüllt. Zu den letzteren ist auch überschüssiger Sauerstoff zu rechnen. Bei Verwendung von Luft als Sauerstoffträger ist auch Stickstoff zugegen. Fast immer ist Wasserdampf, wenigstens in Form von Feuchtigkeit der Ladung, vorhanden. Bei vielen Versuchen ist auch der Brennstoff (H_2 oder CO) im Überschuß über den Sauerstoff vorhanden (also Sauerstoff- oder Luftmangel), um dadurch die Dissoziation zurückzudrängen. Ein solcher Brennstoffüberschuß ist gleichfalls als inertes Gas zu bewerten.

Die Zusammensetzung des Feuergases wird in den Versuchsberichten meist in Molen je 1 Mol der durch die Verbrennung entstehenden Kohlensäure bzw. des Verbrennungswasserdampfes angegeben, als in der Form

$$1 + m_i,$$

d. h. 1 Mol des Verbrennungsproduktes und m_i Mole inerter Gase. Der Wert von $1 + m_i$ bedeutet dann das Volumen des Feuergases in Molen je 1 Mol CO_2 bzw. H_2O. Da alle Gase bei gleichem Druck und gleicher Temperatur das gleiche Molvolumen besitzen, nämlich 22,4 m³ von 0° und 760 mm Q.-S., so kann man das Feuergasvolumen $1 + m_i$ auch auffassen als bestehend aus 1 m³ CO_2 (bzw. H_2O) und m_i m³ inerter Gase. Da ferner zur Bildung von 1 m³ CO_2 gemäß

$$CO + \tfrac{1}{2} O_2 = CO_2$$

1 m³ CO gebraucht wird, und zur Bildung von 1 m³ H_2O gemäß

$$H_2 + \tfrac{1}{2} O_2 = H_2O$$

1 m³ H_2, so bedeutet die Zahl 1 in der Summe $1 + m_i$ auch das Brennstoffvolumen, das zur Bildung von $1 + m_i$ m³ Feuergas verbraucht wird. Das zu $1 + m_i$ m³ Feuergas oder zu 1 m³ Brennstoff gehörige Ladungsvolumen ist um das Volumen des zur Verbrennung von 1 m³ Brennstoff erforderlichen Sauerstoffs, also um $\frac{1}{2}$ m³ größer, also

$$1 + \tfrac{1}{2} + m_i .$$

Das Feuergasvolumen beträgt daher in Bruchteilen des Ladungsvolumens

$$\varepsilon = \frac{1 + m_i}{1{,}5 + m_i},$$

dem sog. Kontraktionswert, der also für CO und H_2-Verbrennung stets kleiner als 1 ist.

Die inerte Gasmenge m_i kann zusammengesetzt sein nach

$$m_i = m_{i_{O_2}} + m_{i_{N_2}} + m_{i_{H_2O}} + m_{i_{CO}} + m_{i_{H_2}},$$

worin einzelne Glieder auch fehlen können. Für das unverdünnte Knallgas ist $m_i = 0$, also

$$\varepsilon = \tfrac{2}{3} .$$

Je größer m_i ist, desto näher liegt ε bei 1.

Für Gasexplosionen mit Kohlenwasserstoffen (CH_4, C_2H_2, C_6H_6) gilt die obige Beziehung für ε nicht; solche Fälle müssen in der sonst üblichen Weise einzeln behandelt werden. Statt der Raumverminderung kann dabei auch eine Raumvergrößerung eintreten (Dilatation).

b) Die Verbrennungstemperatur wird aus dem gemessenen Höchstdruck der Explosion berechnet, indem sowohl auf die Ladung als auf die heißen Feuergase die Zustandsgleichung der idealen Gase

$$p \cdot V = G \cdot R \cdot T$$

angewendet wird.

Vor der Verbrennung ist der Druck in der Bombe

$$p = p_0 ,$$

die Temperatur der Ladung $T = T_0$, die Gaskonstante des Ladungsgemisches

$$R = R_l .$$

Also gilt vor der Verbrennung

$$p_0 V = G \cdot R_l \cdot T_0 .$$

Nach der Verbrennung ist, beim höchsten Verbrennungsdruck p_1,

$$p_1 V = G \cdot R_f \cdot T_1 ,$$

wenn T_1 die Verbrennungstemperatur, R_f die Gaskonstante des Feuergasgemisches ist. Aus diesen beiden Gleichungen folgt durch Division

$$\frac{p_1}{p_0} = \frac{R_f}{R_l} \cdot \frac{T_1}{T_0}$$

oder mit der bekannten Beziehung

$$\frac{R_f}{R_l} = \varepsilon$$

$$\frac{T_1}{T_0} = \frac{p_1}{\varepsilon\, p_0}. \qquad (1)$$

Diese Beziehung läßt sich im p, T-Diagramm (Abb. 8) graphisch darstellen. Bei der auf die Explosion mit dem Druck p_1 und der Temperatur T_1 (Punkt A) folgenden Abkühlung, die gleichfalls bei konstantem Volumen erfolgt, fällt der Gesamtdruck nach der Geraden ASB, bis in B die Anfangstemperatur T_0 wieder erreicht ist, auf den Betrag εp_0, also z. B. bei reinem Kohlenoxyd-Knallgas auf $\frac{2}{3} p_0$. Bei Feuergasen mit H_2O-Gehalt kondensiert zwar bei der Abkühlung, wenn diese bis zur Außentemperatur $t_0 = 10^0$ bis 20^0 geht, der größte Teil des Wasserdampfs. Trotzdem gilt Gl. 1 auch für diese Fälle, wenn man für ε den Wert einsetzt, der sich ohne Kondensation des Wasserdampfs ergibt. — Bei H_2- und CO-Knallgas ist $\varepsilon = \frac{2}{3}$; bei Methanexplosionen $\varepsilon = 1$, bei Ölexplosionen $\varepsilon > 1$.

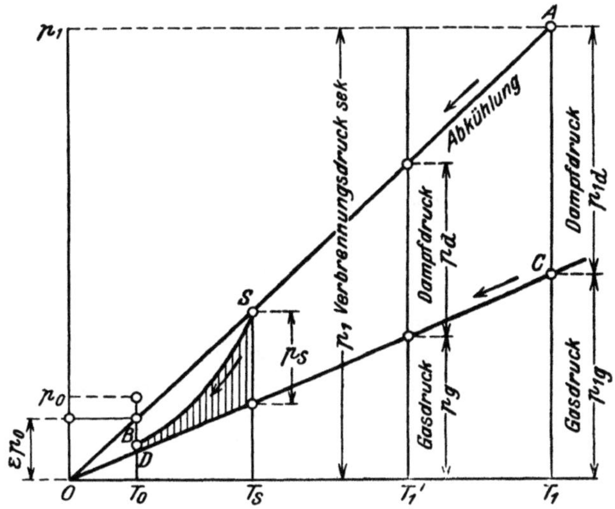

Abb. 8.

Gl. 1 gilt unter der Voraussetzung, daß die Verbrennung ohne oder mit verschwindend kleiner Dissoziation von CO_2 oder H_2O verläuft, wie es bei zahlreichen Versuchen zutrifft. Sind dagegen von 1 m^3 CO_2 oder H_2O α m^3 dissoziiert, so ändern sich die räumlichen Verhältnisse wie folgt. Gemäß den Reaktionsgleichungen der Dissoziation

$$CO_2 = CO + \tfrac{1}{2} O_2$$

und

$$H_2O = H_2 + \tfrac{1}{2} O_2$$

nimmt der dissoziierte Bestandteil CO bzw. H_2 den gleichen Raum ein, wie das Gas (CO_2 bzw. H_2O), aus dem er entstanden ist. Dagegen nimmt der frei gewordene Sauerstoff den halben Raum dieser Menge ein. Durch die Dissoziation wird somit der Gesamtraum um $\frac{1}{2}\alpha\,m^3$ vergrößert, so daß das Feuergasvolumen

$$1 + m_i + \tfrac{1}{2}\alpha\ (m^3)$$

wird und eine verhältnismäßige Raumzunahme des Feuergases von

$$\varepsilon' = \frac{1 + m_i + \frac{1}{2}\alpha}{1 + m_i} = 1 + \frac{1}{2}\,\frac{\alpha}{1 + m_i}$$

entsteht. Im gleichen Verhältnis wird auch die Gaskonstante des dissoziierenden Feuergases erhöht, die also den Wert

$$R_f' = \varepsilon' \cdot R_f$$

annimmt. Daher wird wegen

$$p_1' V = G R_f' T_1'$$

durch Division mit der Zustandsgleichung vor der Verbrennung

$$\frac{T_1'}{T_0} = \frac{p_1'}{\varepsilon\varepsilon' p_0}\,. \tag{1a}$$

Diese Gleichung tritt an die Stelle von Gl. 1, wenn Dissoziation besteht. T_1' ist die wirkliche Verbrennungstemperatur, p_1' der gemessene Verbrennungsdruck.

Durch die Dissoziation wird die Verbrennungstemperatur gegenüber dem dissoziationsfreien Vorgang stets erniedrigt, weil nur der Bruchteil $(1-\alpha)\cdot Q$ der Verbrennungswärme Q frei wird, während doch das gleiche Gesamtgewicht zu erhitzen ist.

Für eine angenäherte Berechnung der Temperatursenkung $T_1 - T_1'$ kann man bei mäßiger Dissoziation Gleichheit der spezifischen Wärmen des dissoziierenden und des nicht dissoziierenden Feuergases annehmen. Es gilt dann für den ersteren Fall

$$(1-\alpha)\,Q = c_{p_m} \cdot (T_1' - T_0)\,,$$

für den letzteren

$$Q = c_{p_m} \cdot (T_1 - T_0)\,,$$

woraus hervorgeht

$$1 - \alpha = \frac{T_1' - T_0}{T_1 - T_0}\,,$$

also

$$T_1 - T_1' = \alpha\,(T_1 - T_0)\,.$$

Hieraus folgt z. B. für $T_1 - T_0 = 2000^0$ und $\alpha = 0{,}1$

$$T_1 - T_1' = 200^0.$$

Ferner wird

$$\frac{T_1'}{T_0} = (1-\alpha)\frac{T_1}{T_0} + \alpha\,.$$

Aus Gl. 1a erhält man hiermit

$$\frac{p_1'}{\varepsilon\varepsilon' p_0} = (1-\alpha)\frac{T_1}{T_0} + \alpha$$

und mit Gl. 1

$$\frac{p_1'}{p_0} = \varepsilon'(1-\alpha)\frac{p_1}{p_0} + \alpha\varepsilon\varepsilon'\,.$$

Hieraus kann der Einfluß der Dissoziation auf das Drucksteigerungsverhältnis abgeschätzt werden. Ist z. B. $m_i = 1$ (gleiche Teile inertes Gas und Verbrennungsgas), so wird zunächst

$$\varepsilon = \frac{1+1}{1,5+1} = \frac{4}{5}$$

und

$$\varepsilon' = 1 + \tfrac{1}{4}\alpha ,$$

also z. B. für $\alpha = 0,1, \quad \varepsilon' = 1,025.$

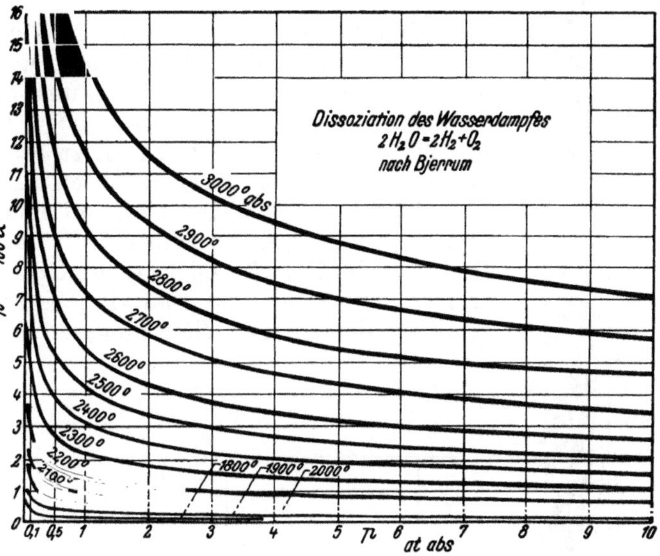

Abb. 9.

Ist nun z. B. $t_1 - t_0 = 2000^0$, $t_0 = 20^0$, so wäre ohne Dissoziation

$$\frac{p_1}{p_0} = \frac{2293}{293} \cdot \frac{4}{5} = 6,25 .$$

Dagegen wäre mit Dissoziation

$$\frac{p_1'}{p_0} = 1,025 \cdot 0,9 \cdot 6,25 + 0,1 \cdot 0,8 \cdot 1,025 = 5,76 .$$

Ist umgekehrt bei einem Versuch mit unbekanntem Dissoziationsgrad die Drucksteigerung $\frac{p_1'}{p_0} = 5,76$ gemessen, so läßt sich nach Gl. 1a zunächst das Verhältnis

$$\frac{T_1'}{T_0} = \frac{p_1'}{p_0} \cdot \frac{1}{\varepsilon \varepsilon'} = 5,76 \frac{1}{0,8\,\varepsilon'} = \frac{7,2}{\varepsilon'}$$

berechnen. Für nicht zu hohe Dissoziation ist ε' nur wenig von 1 verschieden, so daß man in erster Näherung

$$T_1' = 7,2\, T_0$$

erhält. Mit dieser Temperatur kann man nun, da auch der Druck p_1' gemessen ist, aus einer Dissoziationstafel wie Abb. 9, 10 und 11 den unbekannten Dissoziationsgrad α in erster Näherung entnehmen. Mit diesem Wert von α läßt sich dann aus Gl. 1a ein genauerer Wert von T_1', der wirklichen Verbrennungstemperatur, berechnen. Handelt es sich nicht um reines, sondern um verdünntes Knallgas, so muß dabei als Druck der Teildruck des dissoziierenden Bestandteils angenommen werden, also in erster Näherung

$$p = \frac{1}{1 + m_i} \cdot p_1' .$$

Sind CO_2 und H_2O gleichzeitig im Feuergas enthalten und dissoziieren beide Gase, so kann man in erster Näherung α_{CO_2} und α_{H_2O} unabhängig voneinander in gleicher Weise wie oben bestimmen. Für die genauere Ermittlung ist zu beachten, daß die beiden Dissoziationsgrade durch die Konstante des Wassergas-Gleichgewichts miteinander verbunden sind (vgl. Abschnitt 10). Ist einer der Bestandteile H_2, CO oder O_2 im Überschuß vorhanden, so werden die Dissoziationsgrade kleiner als nach dem obigen Näherungsverfahren[1].

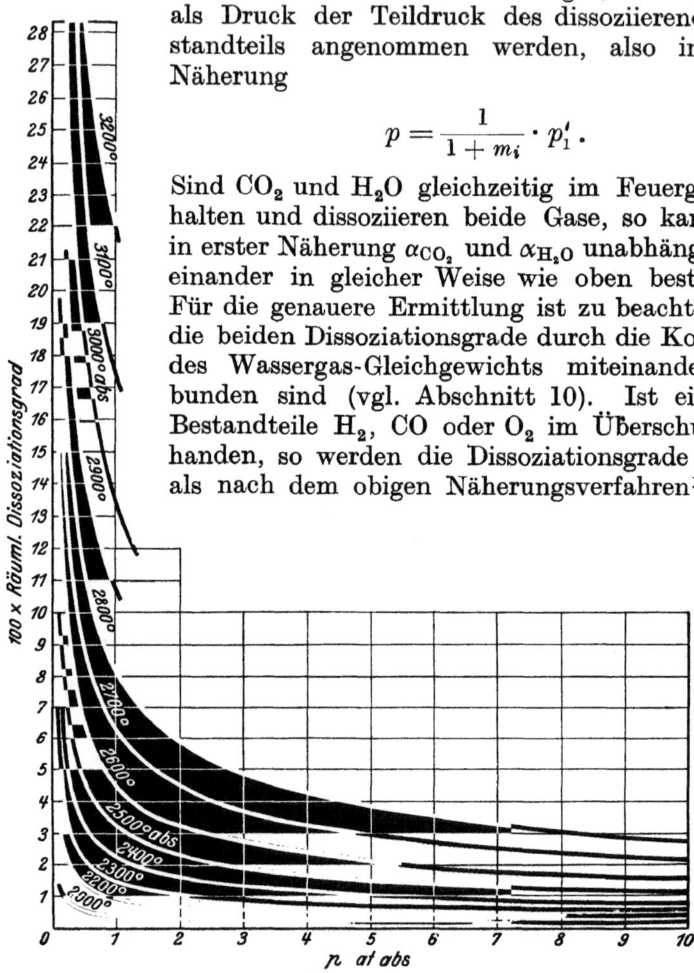

Abb. 10.

c) **Dissoziationsgrade von H_2O, H_2 und CO_2.** Die Abb. 9 und 10 enthalten die Dissoziationsgrade in Abhängigkeit von Druck und Temperatur von H_2O (nach Bjerrum) und von H_2 (nach Langmuir) als Ordinaten mit den Drücken als Abszissen und mit Linien gleicher Temperatur. Abb. 11 enthält in anderer Darstellung die Dissoziationsgrade von CO_2 nach Bjerrum. Diese Tafeln wurden bei der nachfolgenden Berechnung der Explosionsversuche zur Ermittlung der Dissoziationsgrade benützt. Mit Hilfe der weiter unten ermittelten

[1] Vgl. hierüber z. B. W. Schüle: Techn. Thermodyn. Bd. 2, Abschn. 48 u. 60.

spezifischen Wärmen wurden dann die Dissoziationskonstanten für H_2O und CO_2 neu berechnet (Abschnitt 9).

d) Die Verbrennungswärme je 1 m³ Ladung und je 1 m³ (0°760) Feuergas. Im unverbrannten Gemisch von $1{,}5 + m_i$ m³ Gesamtraum sind enthalten 1 m³ CO bzw. H_2. Bei der vollständigen Verbrennung in der Bombe wird die Verbrennungswärme $\mathfrak{W}_v$ (Heizwert) dieser Gasmengen frei. Da das Feuergas das Volumen $1 + m_i$ besitzt, so entfällt auf 1 m³ 0° 760 desselben die Verbrennungswärme

$$Q_f = \frac{\mathfrak{W}_v}{1 + m_i} \text{ (kcal/m}^3\text{ 0}^0\text{ 760)},$$

die zum Unterschied von dem Inhalt von 1 m³ der unverbrannten Ladung an latenter Verbrennungswärme, der gleich $\frac{\mathfrak{W}_v}{(1{,}5 + m_i)}$ ist, als Feuergaswärme bezeichnet wird. $\mathfrak{W}_v$ ergibt sich aus den bekannten Wärmetönungen der Reaktionen

$$CO + \tfrac{1}{2} O_2 = CO_2 + 68000 \text{ kcal*}$$

und

$$H_2 + \tfrac{1}{2} O_2 = H_2O + 68200 \text{ kcal (für flüss. Wasser)*}.$$

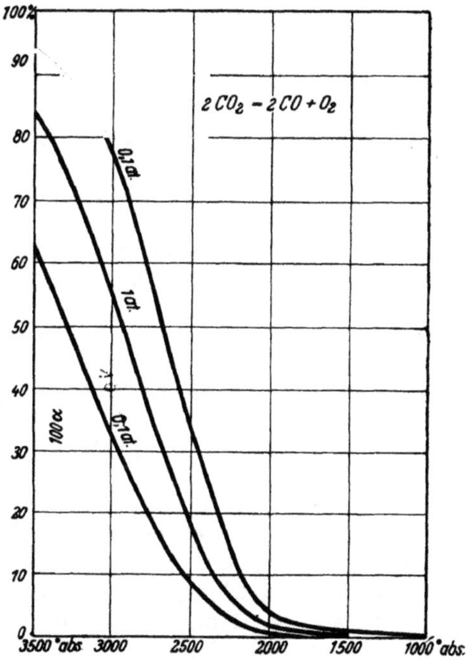

Abb. 11.

Diese Wärmetönungen gelten für Verbrennung bei konstantem Druck. Bei konstantem Volumen sind die Wärmetönungen um den Wärmewert der äußeren Arbeit

$$\tfrac{1}{2} \cdot 1{,}985\,(273 + 18) = 290 \text{ kcal/Mol}$$

kleiner, also für CO gleich 67710, für H_2 gleich 67910 kcal/Mol. Daher wird für CO:

$$\mathfrak{W}_v = \frac{67710}{22{,}4} = 3020 \text{ kcal/m}^3\text{ 0}^0\text{ 760},$$

für H_2:

$$\mathfrak{W}_v = \frac{67910}{22{,}4} = 3030 \text{ kcal/m}^3\text{ 0}^0\text{ 760}.$$

Für die Wasserstoffexplosionen kommt allerdings nicht dieser Wert unmittelbar, sondern der untere Heizwert in Frage, wie er sich aus dem Folgenden ergibt.

e) Die Wärmegleichung. Wie sich die Feuergaswärme auf die einzelnen Bestandteile des Feuergases verteilt, ergibt sich am deutlichsten,

* Neuerdings werden als genauere Werte angegeben für CO 68080 und für H_2 68380 kcal/Mol. Vgl. Arch. Eisenhüttenwes. 1928, S. 526. — Die Unterschiede dürften innerhalb der Genauigkeitsgrenze der Explosionsversuche liegen.

wenn man das Feuergas von der bei der Verbrennung erreichten Höchsttemperatur (t_1) aus in der Bombe selbst durch Wärmeabgabe nach außen bis auf die Anfangstemperatur t_0 der Ladung abkühlt. Dabei ist zu unterscheiden zwischen Ladungen, die von Feuchtigkeit ganz befreit sind (trockene Ladung), und solchen, die mit Feuchtigkeit gesättigt sind (feuchte Ladung). Bei der feuchten Ladung kondensiert der gesamte, durch die Verbrennung aus H_2 entstandene Wasserdampf, so daß die volle obere Wärmetönung frei wird; beim trockenen Ladegemisch bleibt dagegen der zur Sättigung des kalten Feuergases erforderliche Teil des Verbrennungswasserdampfs als solcher bestehen, so daß nicht die volle obere Wärmetönung frei wird.

Bei der Abkühlung wird den nicht kondensierbaren inerten Bestandteilen des Feuergases ihre innere Energie zwischen den Temperaturen t_1 und t_0, die nur von diesen Temperaturen und von der Natur dieser Gase abhängt, entzogen, also die Wärmemenge

$$\frac{m_i}{1+m_i}(\mathfrak{U}_{t_1 i}-\mathfrak{U}_{t_0 i}) \quad \text{für} \quad 1\,\text{m}^3\ 0^0\ 760\ \text{Feuergas},$$

wenn mit $\mathfrak{U}_i$ die innere Energie von 1 m³ 0⁰ 760 der inerten Gase bezeichnet wird.

Dem Verbrennungsprodukt selbst, wenn es **nicht kondensierbar** ist (CO_2), wird je 1 m³ Feuergas die innere Energie

$$\frac{1}{1+m_i}(\mathfrak{U}_{t_1 CO_2}-\mathfrak{U}_{t_0 CO_2})$$

entzogen. Ist nun die Ladung trocken gewesen, so gilt

$$Q_f=\frac{\mathfrak{W}_v}{1+m_i}=\frac{m_i}{1+m_i}(\mathfrak{U}_{t_1 i}-\mathfrak{U}_{t_0 i})+\frac{1}{1+m_i}(\mathfrak{U}_{t_1 CO_2}-\mathfrak{U}_{t_0 CO_2}).$$

Besteht dagegen das Verbrennungsprodukt aus **Wasserdampf**, so beginnt dieser nach erfolgter Abkühlung bis zu einer gewissen, vom Druck abhängigen Temperatur t_s zu kondensieren (Abb. 8, Punkt S). War nun die Ladung feucht, so kondensiert zwar der gesamte Verbrennungswasserdampf, aber die ursprüngliche Feuchtigkeit bleibt dampfförmig. Je 1 kg des gesamten Wasserdampfs wird dabei die Wärmemenge

$$q_s+\varrho_s-(q_0+x_0\varrho_0)$$

mit q_s als Flüssigkeitswärme an der Sättigungsgrenze, q_0 bei der Temperatur t_0 und ϱ_s, ϱ_0 als inneren Verdampfungswärmen, entzogen. Enthält nun das Feuergas im Volumen $1+m_i$ (m³) auf 1 m³ Verbrennungsdampf noch m_{iH_2O} Feuchtigkeit, so ist in 1 m³ 0⁰ 760 des Feuergases das Dampfgewicht enthalten

$$\frac{1+m_{iH_2O}}{1+m_i}\cdot\frac{18}{22{,}4}\,\text{kg},$$

so daß die dem Dampf von 1 m³ Feuergas entzogene Wärmemenge beträgt

$$\frac{1+m_{iH_2O}}{1+m_i}\cdot\frac{18}{22{,}4}[q_s+\varrho_s-q_0-x_0\varrho_0].$$

Außer dieser Kondensationswärme wird der gleichen Dampfmenge noch die Überhitzungswärme zwischen t_1 und t_s entzogen, also

$$\frac{1 + m_{i\,H_2O}}{1 + m_i}\left[\mathfrak{U}_{t_1 H_2O} - \mathfrak{U}_{t_s H_2O}\right].$$

Daher gilt nun

$$Q_f = \frac{\mathfrak{W}_v}{1 + m_i} = \frac{m_i - m_{i\,H_2O}}{1 + m_i}\left[\mathfrak{U}_{t_1 i} - \mathfrak{U}_{t_0 i}\right] + \frac{1 + m_{i\,H_2O}}{1 + m_i}\left[\mathfrak{U}_{t_1 H_2O} - \mathfrak{U}_{t_s H_2O}\right]$$
$$+ \frac{1 + m_{i\,H_2O}}{1 + m_i} \cdot \frac{18}{22{,}4} \cdot \left[q_1 + \varrho_s - q_0 - x_0\,\varrho_0\right]$$

oder

$$\mathfrak{W}_v - (1 + m_{i\,H_2O})\,\frac{18}{22{,}4}\left[q_s + \varrho_s - q_0 - x_0\,\varrho_0\right]$$
$$= (m_i - m_{i\,H_2O}) \cdot \left[\mathfrak{U}_{t_1 i} - \mathfrak{U}_{t_0 i}\right] + (1 + m_{i\,H_2O})\left[\mathfrak{U}_{t_1 H_2O} - \mathfrak{U}_{t_0 H_2O}\right]$$

oder kürzer

$$\mathfrak{W}_u = Q_{v_i} + Q_{v\,H_2O},$$

worin

$$\mathfrak{W}_u = \mathfrak{W}_v - (1 + m_{i\,H_2O})\,\frac{18}{22{,}4}\left[q_s + \varrho_s - q_0 - x_0\,\varrho_0\right]$$

den sog. unteren Heizwert für 1 m³ 0⁰ 760 des Wasserstoffs bedeutet, ferner

$$Q_{v_i} = (m_i - m_{i\,H_2O})\left[\mathfrak{U}_{t_1 i} - \mathfrak{U}_{t_0 i}\right]$$

die innere Energie der inerten Gase ohne den Wasserdampf und

$$Q_{v\,H_2O} = (1 + m_{i\,H_2O}) \cdot \left[\mathfrak{U}_{t_1 H_2O} - \mathfrak{U}_{t_s H_2O}\right]$$

die Überhitzungswärme von $(1 + m_{i\,H_2O})$ (m^3) Wasserdampf bei konstantem Volumen, zwischen der Verbrennungstemperatur t_1 und der Taupunkttemperatur t_s. Bei ursprünglich trockener Ladung wird dagegen

$$\mathfrak{W}_u = \mathfrak{W}_v - \frac{18}{22{,}4} \cdot \left[q_s + \varrho_s - q_0\right].$$

Beide Werte von $\mathfrak{W}_u$ sind nicht ganz unveränderlich, weil sie von der mit dem Dampfgehalt und dem Druck des Feuergases veränderlichen Taupunkttemperatur abhängen. Mit dem mittleren Wert $t_s = 50^0$ für verdünnte Gemische, also

$$q_s + \varrho_s - q_0 = 50 + 533 - 18 = 565,$$

wird für trockene Ladung

$$\mathfrak{W}_u = \mathfrak{W}_v - 454,$$

und mit $\mathfrak{W}_v = 3030$ kcal/m³ 0⁰ 760

$$\mathfrak{W}_u = 2576 \text{ kcal/m}^3\ 0^0\ 760.$$

Bei feuchter Ladung ist noch x_{t_0}, der Dampfgehalt am Ende der Abkühlung, zu berechnen. Liegt z. B. der Taupunkt bei einem Teildruck des Wasserdampfes von 0,5 at, entsprechend $t_s = 81^0$ und $v_s = 3{,}3$ m³/kg, so wird mit $v_{s_{t_0}} = 65{,}1$ m³ $x_{18} = \frac{3{,}3}{56{,}1} = \frac{1}{20}$ und daher $x_{t_0} \cdot \varrho_{t_0} = \frac{553}{20} = 27{,}7$ kcal. Damit wird

$$\mathfrak{W}_u = \mathfrak{W}_v - (1 + m_{i\,H_2O}) \cdot 440,$$

und wenn $m_{i\,H_2O}$ wenig von 1 verschieden ist,

$$\mathfrak{W}_u = \mathfrak{W}_v - 440 = 2590 \text{ kcal/m}^3\, 0^0\, 760\,.$$

Von größerer Bedeutung wird der Einfluß der Feuchtigkeit bei Ladungen mit hohem Unterdruck.

Trägt man nun die Energiewerte $\mathfrak{U}$ je 1 $m^3\, 0^0 760$ als Ordinaten zu den Temperaturen als Abszissen auf, so erhält man für die nicht kondensierbaren inerten Gase (O_2, N_2, H_2, CO) durch den Ursprung gehende Kurven (Abb. 12), ebenso für CO_2. Für den Wasserdampf dagegen, der je nach seinem Druck bei höherer oder tieferer Temperatur kondensiert, erhält man eine S c h a r von Energiekurven im Überhitzungsgebiet, die bei der jeweiligen Sättigungstemperatur endigen und sich nach oben hin der Energiekurve des hochüberhitzten (gasartigen) Wasserdampfes nähern (Abb. 13). Die untere Grenze der Kurven bildet die Energiekurve des trocken gesättigten Wasserdampfes. Bei höheren Temperaturen laufen alle diese Energiekurven in eine einzige, vom Druck unabhängige Kurve zusammen, die bei tieferen Temperaturen in die Kurve $p = 0$ übergeht.

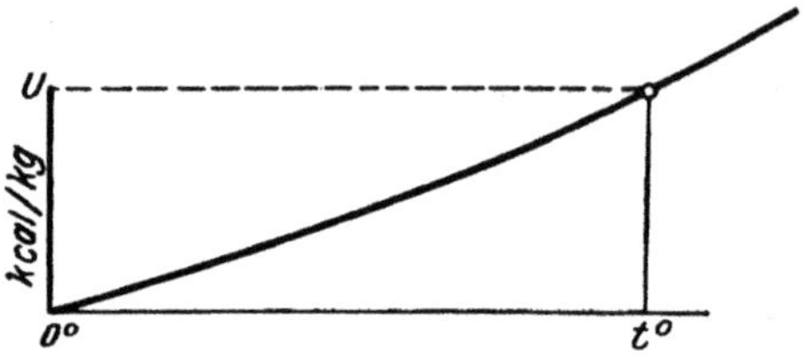

Abb. 12.

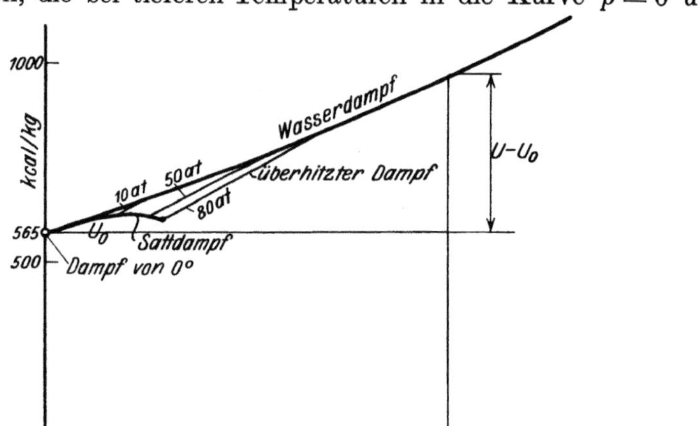

Abb. 13.

f) Äußerer Wärmeverlust, Dissoziationsaufwand und innere Energie. In Wirklichkeit wird bei allen Explosionen ein W ä r m e v e r l u s t nach außen auftreten, der bei sehr rasch verlaufenden Explosionen fast verschwinden, bei langsam verlaufenden und solchen in nicht genau kugelförmigen Gefäßen recht erheblich werden kann. Die auf $1 + m_i$ (m^3) Feuergas entfallende Verlustwärme betrage ΔQ_w kcal.

Ferner tritt bei allen Gasexplosionen D i s s o z i a t i o n auf, die bei schwächeren Ladungen und solchen mit CO- oder H_2-Überschuß verschwindend klein, bei scharfen Ladungen, d. h. solchen mit wenig inerten Gasen, sehr bedeutend sein kann. Die Dissoziationswärme für $1 + m_i$ (m^3) Feuergas, also 1 m^3 Verbrennungsprodukte, betrage ΔQ_{diss}. Dann ist die Wärmegleichung für $1 + m_i$ (m^3) Feuergas, die weiter oben abgeleitet wurde, durch die beiden Wärmemengen ΔQ_w und ΔQ_{diss} zu ergänzen und lautet dann:

$$\mathfrak{W}_u = Q_{vi} + Q_{v\,H_2O} + \Delta Q_w + \Delta Q_{\text{diss}}\,.$$

Wird also z. B. aus einem Explosionsversuch der Wert $Q_{v\,H_2O}$, die Überhitzungsenergie des Wasserdampfs, zu bestimmen gesucht, so ergibt diese Gleichung

$$Q_{v\,H_2O} = \mathfrak{W}_u - Q_{vi} - \Delta Q_w - \Delta Q_{\text{diss}}\,.$$

Mit $\Delta Q_w = 0$, $\Delta Q_{\text{diss}} = 0$ wäre dagegen

$$Q'_{v\,H_2O} = \mathfrak{W}_u - Q_{vi}\,,$$

also ist $Q'_{v\,H_2O} > Q_{v\,H_2O}$. D. h. wenn man bei der Berechnung den Wärmeverlust und den Dissoziationsaufwand vernachlässigt, so erhält man einen zu großen Wert für die Energie des Wasserdampfs. Nun erscheint es bei der großen Zahl von Einflüssen, durch die der Wärmeverlust einer Explosion bedingt wird, aussichtslos, diesen Verlust durch irgendwelche Vorausberechnungen in Rechnung stellen zu wollen. Dadurch würde nur große Unsicherheit in die Berechnungen hineingetragen. Man kann allenfalls so vorgehen, daß man nur solche Versuche zur Berechnung auswählt, bei denen der Wärmeverlust vermutlich verschwindend klein ist, wie es auch zum Teil bei den bisherigen Berechnungen geschehen ist. Die viel verwendete Ergänzung der durch den Wärmeverlust abgeschnittenen Spitze der Explosions-Druck-Zeit-Diagramme ist von fraglichem Wert, wenn man bedenkt, daß diese Abrundung dem vereinigten Einfluß der Abkühlung und der Dissoziation entspringt. Es wurde daher folgender Weg zur Ausschaltung der Wärmeverluste beschritten, der es ermöglicht, alle vorhandenen Explosionsversuche für die Berechnung heranzuziehen.

Zunächst ist festzustellen, daß die Verbrennungstemperaturen bei sämtlichen Explosionsversuchen oberhalb 1200—1400° C liegen. Bis zu dieser Grenze nach oben reichen aber die kalorimetrischen Versuche, die in der Physikalisch-Technischen Reichsanstalt zur Bestimmung der spezifischen Wärmen von H_2O, CO_2 und N_2 ausgeführt wurden[1]. Es wurde nun vorausgesetzt, daß die hiernach bestimmten Werte der inneren Energie dieser Stoffe von Wärmeverlusten frei und möglichst genau sind. Die Kurven U_{CO_2}, U_{H_2O}, U_{N_2} werden dann bis zur unteren Grenze des Explosionsgebietes durch diese Werte möglichst genau dargestellt. Bis dahin ist auch für H_2O die Dissoziation noch sehr gering und für CO_2 unbedeutend (bei atmosphärischem Druck und noch mehr bei höherem Druck).

Nun ermittelt man z. B. aus einem Explosionsversuch mit $H_2 + O + N_2$ bei 1500° einen Wert $\mathfrak{U}'_{H_2O}$, wie er sich ohne Wärme-

[1] Die Endergebnisse dieser Versuche sind in den Wärmetabellen von Holborn, Scheel und Henning (Braunschweig: Fr. Vieweg & Sohn 1919) niedergelegt.

verlust und Dissoziation aus den obigen Beziehungen herleiten läßt. Dieser Wert muß, wie gezeigt, größer ausfallen als der wahre Wert $\mathfrak{U}_{H_2O}$. Trägt man also $\mathfrak{U}_{H_2O}$ und $\mathfrak{U}'_{H_2O}$ als Ordinaten zu den Temperaturen als Abszissen auf (Abb. 14, Punkte C und C'), so wird C' mehr oder weniger hoch über der nach oben extrapolierten Kurve der Physikalisch-Technischen Reichsanstalt liegen müssen. Fehlt die Dissoziation, so entspricht der Unterschied $\mathfrak{U}_{H_2O} - \mathfrak{U}'_{H_2O} = \Delta Q_w$ dem Wärmeverlust des Explosionsversuchs. Hat man ferner für einen anderen Versuch mit der höheren, tief ins Dissoziationsgebiet reichenden Temperatur $t'_1 = 2600^0$ den ohne Berücksichtigung von Wärmeverlust und Dissoziation sich ergebenden Wert $\mathfrak{U}''_{H_2O}$ errechnet (Punkt D'', Abb. 14), so muß der Ordinatenunterschied $\mathfrak{U}''_{H_2O} - \mathfrak{U}_{H_2O}$ an dieser Stelle gleich $\Delta Q_w + \Delta Q_{\text{diss}}$ sein. Kann man nun den Wert ΔQ_{diss} annähernd berechnen, so ergibt sich der dissoziationsfreie Wert $\mathfrak{U}_{H_2O} + \Delta Q_w$ an dieser Stelle (Punkt D'). Stellt nun die bis dahin extrapolierte Kurve $ABCD$ den wahren Verlauf von $\mathfrak{U}_{H_2O}$ dar, so entspricht die Ordinatendifferenz DD' dem Wärmeverlust ΔQ_w.

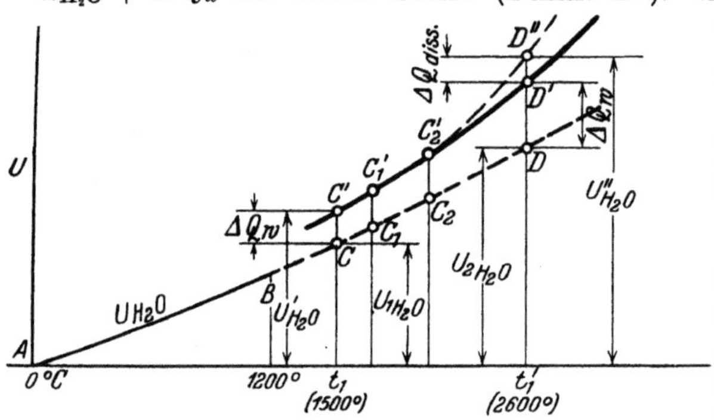

Abb. 14.

In Wirklichkeit besteht nun jede Versuchsreihe aus einer größeren Zahl von Einzelversuchen mit steigender Temperatur, aus denen sich ebenso viele Punkte C', C'_1, C'_2, D'' ergeben, die man durch eine stetige Kurve verbinden kann. Da mit steigender Temperatur jedenfalls ΔQ_{diss} anwächst, so wird diese Kurve rascher, bei hohen Temperaturen (über 2000^0) sogar erheblich rascher, ansteigen, als die Kurve CC_1C_2D der wahren Werte $\mathfrak{U}$. Dagegen kann sich die dissoziationsfreie Kurve C'_2D' der wahren Kurve mehr und mehr nähern, wenn mit zunehmender Schärfe der Ladung der Wärmeverlust abnimmt. Dadurch gewinnt die Extrapolation der wahren Kurve AB in das Explosionsgebiet eine wesentlich größere Sicherheit, besonders wenn man noch berücksichtigt, daß über das gleiche Temperaturgebiet oft mehrere Versuchsreihen mit verschiedenen Gemischen vorliegen. So hat z. B. Pier Versuchsreihen mit H_2 durchgeführt, bei denen durch überschüssigen H_2 die Dissoziation von H_2O weitgehend zurückgedrängt wird, so daß ΔQ_{diss} auch bei höheren Temperaturen verschwindend klein wird. Andererseits besteht eine Piersche Versuchsreihe, bei der an Stelle des H_2-Überschusses N_2 als inertes Gas verwendet ist, das keinen Einfluß auf die Dissoziation hat; ferner eine Versuchsreihe mit überschüssigem O_2, dessen Einfluß auf die Dissoziation kleiner ist als der von H_2. Die Versuche von Bjerrum, die die höchsten Verbrennungstemperaturen (bis 3000^0 C und mehr) ergaben, sind ferner nicht mit atmosphärischem Ladungsdruck, sondern mit Unterdruck (bis 0,1 at abs.) durchgeführt, mit der ausgesprochenen Absicht, den Dissoziationsgrad des H_2O so hoch wie möglich zu treiben. Bei diesen Versuchen werden also besonders große Beträge $A\,Q_{\text{diss}}$ zu erwarten sein.

Nach graphischer Auftragung der aus den verschiedenen Versuchsreihen errechneten Werte läßt sich alsdann die Kurve AB bis zu den höchsten Explosionstemperaturen mit ziemlicher Sicherheit extrapolieren; jedenfalls erhält man so eine Kurve $\mathfrak{U}$, die von der wahren Kurve nicht wesentlich abweichen kann. Auf diesem Wege wurden in Abb. 16, 17 und 18 die wahren Kurven von $\mathfrak{U}_{H_2O}$, $\mathfrak{U}_{CO_2}$ und $\mathfrak{U}_{N_2}$ gewonnen, wie folgt.

4. Berechnung der inneren Energie und der spezifischen Wärmen von H_2O, N_2 und CO_2.

In jeder Versuchsreihe sind mindestens 2, öfters auch 3 und mehr Gasarten im Feuergas enthalten und daher auch ebenso viele unbekannte Funktionen $\mathfrak{U}$, z. B. $\mathfrak{U}_{H_2O}$ und $\mathfrak{U}_{H_2}$ oder $\mathfrak{U}_{H_2O}$, $\mathfrak{U}_{N_2}$, $\mathfrak{U}_{H_2}$ oder $\mathfrak{U}_{H_2O}$, $\mathfrak{U}_{N_2}$, $\mathfrak{U}_{O_2}$; bei CO-Explosionen $\mathfrak{U}_{CO_2}$ und $\mathfrak{U}_{CO}$ oder $\mathfrak{U}_{CO_2}$, $\mathfrak{U}_{CO}$, $\mathfrak{U}_{N_2}$. Bei Explosionen von Gemischen aus H_2 und CO oder von Kohlenwasserstoffen (CH_4, C_2H_2) treten gleichzeitig $\mathfrak{U}_{CO_2}$, $\mathfrak{U}_{H_2O}$, $\mathfrak{U}_{O_2}$ und $\mathfrak{U}_{CO_2}$ auf. Wenn nun nach den bisherigen Erfahrungen die Energiekurven der zweiatomigen Gase N_2, O_2 und CO zusammenfallen, falls man, wie hier, die $\mathfrak{U}$-Werte auf Mengen bezieht, die im Verhältnis der Molekulargewichte stehen (also z. B. auf 1 m³ 0° 760), so bleiben noch die drei unbekannten Funktionen $\mathfrak{U}_{H_2O}$, $\mathfrak{U}_{N_2}$ und $\mathfrak{U}_{CO_2}$ übrig, die zu ermitteln sind. Dabei wurde wie folgt vorgegangen.

a) Wasserdampf. Da sich zwei unbekannte Funktionen nicht aus einer Versuchsreihe ermitteln lassen, so wurden zunächst aus den Ver-

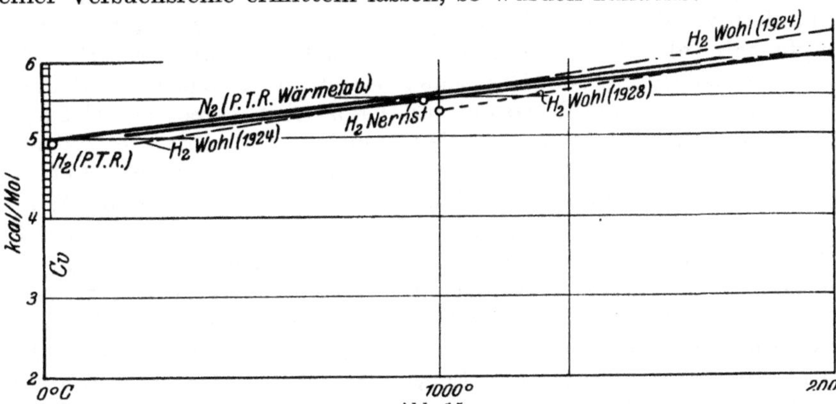

Abb. 15.

suchen von Pier mit $H_2 + O + m_i\,(H_2)$ und $H_2 + O + m_i\,(Ar)$, deren Feuergase aus H_2O und H_2 bzw. aus H_2O, H_2 und Ar (Argon) bestehen, die Werte $\mathfrak{U}_{H_2O}$ errechnet, wobei die Energie des Wasserstoffs als bekannt angenommen wurde, und zwar nach den Werten der Molekularwärme von Nernst[1], die in Abb. 15 eingetragen sind. Ferner wurde die Energie des Argons, dessen spezifische Wärme als einatomiges Gas von der Temperatur unabhängig ist, nach dem in den Wärmetabellen der Physikalisch-Technischen Reichsanstalt angegebenen Wert der Molekularwärme $C_v = 3{,}07$ angenommen. In der beigefügten Zahlentafel 1

Zahlentafel 1.

Nr.	t_0 °C	$m_{i\,H_2}$ (m³)	m_{H_2O} (m³)	t_1 °C
164	17,73	5,849	1,151	1417
165	18,00	5,044	1,134	1592
166	16,13	4,057	1,101	1831
167	16,39	3,398	1,092	2017
168	16,98	2,683	1,086	2250

Zahlentafel 2.

Nr.	t_1 °C	ε	t_s °C	$q_s + \varrho_s$ kcal/kg	x_{18}	$q_{18} + \varrho_{18}$ kcal/kg	$\mathfrak{W}_v - \mathfrak{W}_u$ kcal/m³	$\mathfrak{W}_u$ kcal/m³	$Q_{v\,H_2}$ kcal/m³	$m_i Q_{v\,H_2}$ kcal	$m_{H_2O} \cdot Q_{ü}$ kcal	$Q_{ü}$ kcal/m³	$\mathfrak{U}_{ts}$ kcal/m⁰	$\mathfrak{U}'_{H_2O}$ kcal/m³
164	1417	0,934	56	585	0,136	93	492	2590	330	1930	660	573	470	1043
165	1592	0,923	60	586	0,120	84	502	2588	375	1890	698	616	472	1088
166	1831	0,913	63	588	0,107	77	511	2593	437	1773	820	744	473	1217
167	2017	0,821	64	588	0,104	76	513	2595	485	1650	945	865	473	1338
168	2250	0,882	68	589	0,083	64	525	2587	545	1464	1123	1033	474	1507

sind die Versuchswerte der ersten Pierschen Reihe[2] enthalten. Darin ist t_0, die Temperatur der Ladung vor der Zündung, bei allen fünf Versuchen wesentlich gleich. Dagegen steigert sich die Verbrennungstemperatur von 1417° beim Versuch Nr. 164 bis auf 2250° beim Versuch Nr. 168, indem der überschüssige (inerte) Wasserstoffgehalt allmählich vermindert wurde. Die Zahlen m_{H_2O} bedeuten den gesamten Wasserdampfgehalt, also Verbrennungs- und Feuchtigkeitsdampf. Die Explosionsdrücke sind in dem Pierschen Bericht nicht angegeben, sondern nur die aus ihnen (ohne Rücksicht auf Dissoziation) berechneten Temperaturen (t_1). Die Drücke mußten daher, um die Taupunkttemperaturen zu ermitteln, mit Hilfe der Werte von ε zurückgerechnet werden. Daraus folgten dann zunächst auf die oben angegebene Weise die Werte von $\mathfrak{W}_u$, wie sie in der Zahlentafel 2 enthalten sind. Sie weichen sehr wenig von dem Mittelwert 2591 ab. Die Werte der inneren Energie von 1 m³ H_2 sind gleichfalls eingetragen ($Q_{v\,H_2}$) und daraus die Energiewerte der inerten Wasserstoffmenge ($m_i\,Q_{v\,H_2}$) von m_i (m³). Daraus folgt dann die Überhitzungswärme von m_{H_2O} m³ Wasserdampf über $t_s{}^0$ (Werte $Q_{ü}$). Um nun die Werte der inneren Energie des überhitzten Wasserdampfs über Wasser von 0° zu erhalten, hat man zu den Werten $Q_{ü}$ noch die

[1] Nernst: Die theoretischen und experimentellen Grundlagen des neuen Wärmesatzes, S. 60. — In Abb. 15 sind außerdem die Molekularwärmen von H_2 nach K. Wohl aus 1924 und nach neueren Bestimmungen aus dem Jahr 1928 eingetragen, sowie die Werte für N_2 und H_2 nach den Wärmetabellen der PTR.

[2] A. a. O.

Werte der inneren Energie des gesättigten Dampfes von der jeweiligen Taupunkttemperatur zu addieren, für 1 kg Dampf 585,6 kcal, für 1 m³

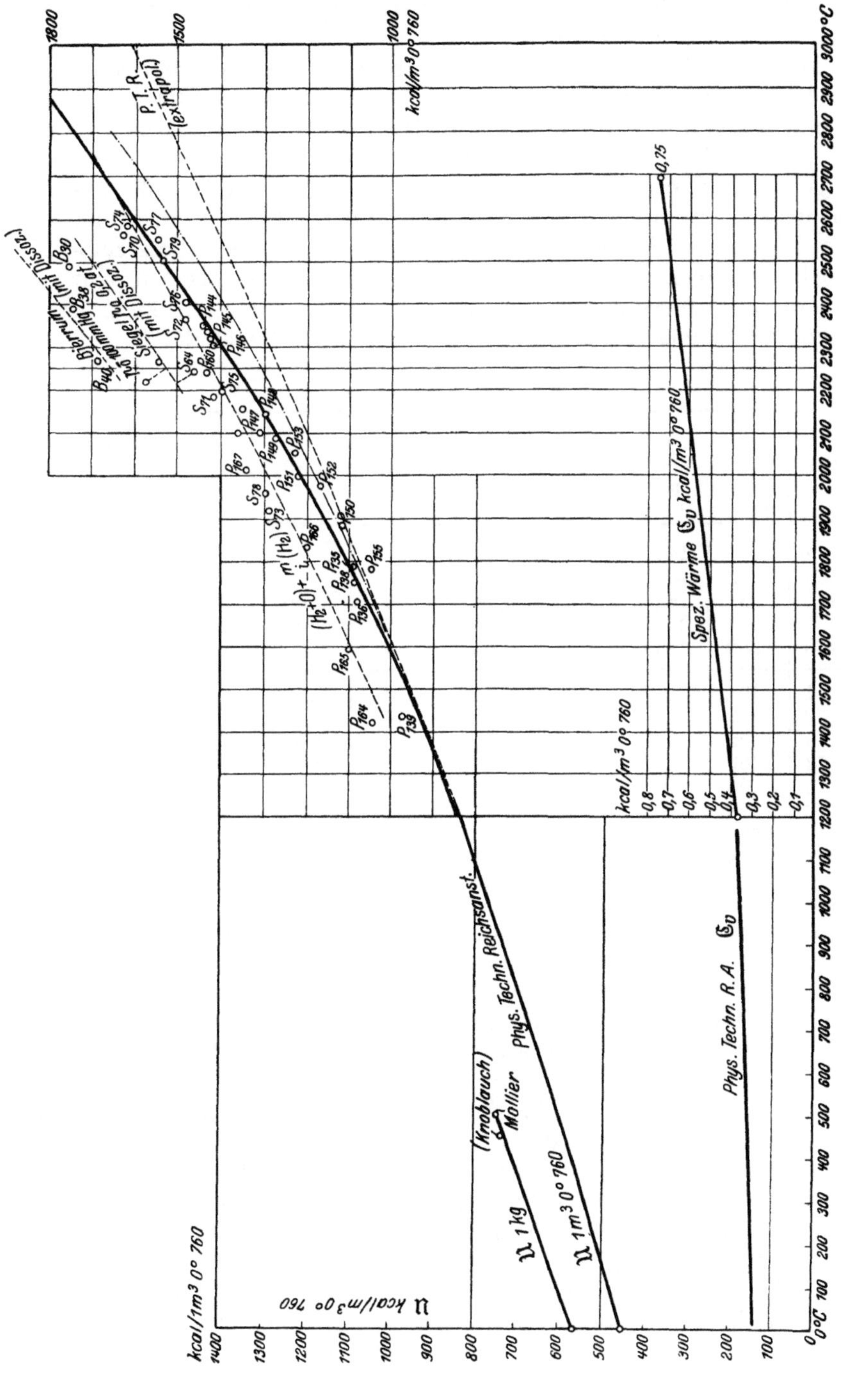

Abb. 16.

0^0 760 = 0,803 kg die in der Zahlentafel enthaltenen Werte $\mathfrak{U}_{ts}$, woraus dann schließlich $\mathfrak{U}'_{H_2O}$ in der letzten Reihe folgt. Diese Werte sind nun in Abb. 16 als Ordinaten zu den Werten t_1 als Abszissen aufgetragen und mit *P 164* bis *P 168* bezeichnet.

In die gleiche Abbildung wurden ferner die Werte der inneren Energie für 1 m³ 0^0 760 Wasserdampf für die Temperaturen von 0^0—1400^0 C auf Grund der Münchener und der Mollierschen Dampftabellen und auf Grund der Wärmetabellen der Physikalisch-Technischen Reichsanstalt eingetragen. Es ergibt sich bei 1400^0 $\mathfrak{U}_{H_2O} = 912$ kcal/m³ 0^0 760. Bis dahin reichen die kalorimetrischen Versuche und bei 1417^0 beginnt die Reihe der Pierschen Explosionsversuche. Die Piersche Punktreihe liegt ersichtlich oberhalb der Fortsetzung der kalorimetrischen Kurve, so daß diese Explosionsversuche, da die Dissoziation sehr klein ist, mit einem nicht unerheblichen Wärmeverlust behaftet sind.

Zahlentafel 3.

Nr.	t_1 °C ohne Diss.	t_1' °C mit Diss.	Δt °C	$\alpha_{0 H_2O}$	α_{H_2O}	α_{H_2}	$Q_{diss H_2}$ kcal/m³	$\mathfrak{U}''_{H_2O}$ kcal/m³	$\mathfrak{U}'_{H_2O}$ kcal/m³
P.164	1417	1417	0	—	0	—	—	1043	1043
165	1592	1592	0	0,001	0	—	—	1088	1088
166	1831	1828	3	0,007	0	0,0015	6	1217	1190
167	2017	2012	5	0,017	0	0,003	12	1338	1299
168	2250	2238	12	0,031	0	0,007	28	1507	1438
S. 71	2194	2188	6	0,025	0	0,0035	14		1411
72	2382	2371	11	0,045	0	0,0075	30		1480
73	1922	1920	2	0,010	0	0,001	4		1288
74	2609	2585	24	0,065	0	0,0125	50		1623
75	2205	2194	11	0,035	0	0,006	26		1398
76	2428	2403	25	0,053	0	0,013	50		1484
77	2593	2551	42	0,065	0	0,022	88		1545
78	1963	1960	3	0,012	0	0,0015	6		1295
79	2535	2500	35	0,065	0	0,018	71		1525

Diese Versuchsreihe findet nun ihre Bestätigung und ihre Fortsetzung zu höheren Temperaturen durch Versuche von Siegel mit $H_2 + O$ und überschüssigem H_2 an der gleichen Bombe, jedoch mit trockener Ladung. Der Anfangsdruck war gleichfalls 1 at. Diese Punktreihe (S. 75, 76, 77, 78, 79) schließt sich eng an die Piersche an, wenn man die in gleicher Weise berechneten Werte von $\mathfrak{U}'_{H_2O}$ in Abb. 16 einträgt, und reicht bis 2600^0. Außerdem besteht nun eine weitere Versuchsreihe von Siegel (Nr. 71, 72, 73, 74) der gleichen Art, jedoch mit einem Ladungsdruck von 2 at (um den Wärmeverlust zu vermindern). Die in gleicher Weise berechneten Punkte S. 71, 72, 73, 74 fallen mitten in die beiden anderen Punktreihen. Man würde erwarten, daß diese Punkte tiefer fielen, weil dem höheren Anfangsdruck und Explosionsdruck bei gleicher Ladestärke sowohl ein kleinerer Wärmeverlust als auch ein kleinerer Dissoziationsaufwand entspricht. Es scheint hiernach, daß bei den höheren Temperaturen ΔQ_w sehr klein ist und daher die

Kurve der Siegelschen Versuche S. 74, 76, 77, 79 der wahren verlustfreien Kurve $\mathfrak{U}_{H_2O}$ sehr nahekommt, wenn man die Dissoziationswärme in Abzug bringt, wie es bei den in Abb. 16 eingetragenen Werten geschehen ist. Die Dissoziation von H_2O ist allerdings bei diesen Versuchen wegen des H_2-Überschusses verschwindend klein. Dafür tritt jedoch eine Dissoziation der H_2-Moleküle in H-Atome auf, deren Wärmeaufwand nicht unbeträchtlich ist. Die Zahlentafel 3 enthält die Dissoziationsgrade und Dissoziationswärmen von H_2, sowie die ohne und mit Berücksichtigung der Dissoziation von H_2 berechneten Verbrennungstemperaturen und Werte von $\mathfrak{U}_{H_2O}$. — Die Werte α_{0H_2O} sind die Dissoziationsgrade von H_2O ohne Rücksicht auf den H_2-Überschuß, der die Dissoziation zum Verschwinden bringt, so daß $\alpha_{H_2O} = 0$ wird.

In der gleichen Abbildung sind nun noch weitere Versuchsreihen von Pier und Siegel eingetragen, die das Bild weiter verschärfen. Zunächst die früher genannten Versuche von Pier mit $H_2 + O + m_i (H_2) + m_i (Ar)$, die in Abb. 16 mit *P 139, 136, 138, 135, 150, 134, 149, 147, 148, 146, 145* und *144*, sowie mit *P 155, 152, 151, 153* (mit 53° Ladungstemperatur) bezeichnet sind, übereinstimmend mit den Pierschen Versuchsnummern. Die Temperaturen steigen in der ersten Versuchsreihe mit Berücksichtigung der Dissoziation von H_2 und H_2O von 1435° bis 2335°, ohne Dissoziation bis 2347°, mit einem höchsten Dissoziationsgrad $\alpha_{H_2} = 0{,}024$ und verschwindender Dissoziation von H_2O; in der zweiten Reihe von 1774° bis 2052° (ohne Dissoziation 2063°). Man erkennt aus Abb. 16, daß diese Versuchsreihen besonders bei den tieferen Temperaturen kleinere Werte von $\mathfrak{U}'_{H_2O}$, also kleinere Wärmeverluste ergeben als die früheren. Bei den höheren Temperaturen fallen die Versuchspunkte (*P 144, 145, 146*) in die Siegelsche Reihe. Bei den Versuchen mit der erhöhten Anfangstemperatur von 53°, also mit beträchtlich erhöhter Feuchtigkeit der Ladung, gehen die Punkte 155 und 152 sogar bis auf die Fortsetzung der Kurve der Physikalisch-Technischen Reichsanstalt herab.

Noch zwei weitere Versuchsreihen wurden ausgewertet und in Abb. 16 eingetragen, nämlich die zuerst von Bjerrum und später von Siegel ausgeführten Versuche mit $H_2 + O + m_i (H_2)$ mit Unterdruck der Ladung. Bei Bjerrum betrug der absolute Druck der Ladungen 129 bis 55 mm Hg, bei Siegel 0,2 at abs. (147 mm Hg).

Der Zweck dieser Versuche war die Ermittlung des Dissoziationsgrades von H_2O, der bei gleicher Temperatur um so größer wird, je kleiner der Druck ist; außerdem sind die Ladungen noch schärfer, so daß Verbrennungstemperaturen bis 3000° C entstehen. Bei diesen Versuchen spielt aber auch die Dissoziation des H_2 eine beträchtliche Rolle. Sie steigt von 0,025 bei dem Versuch B. 40 (105 mm Hg, $t_1 = 2265°$) bis 0,25 bei dem Versuch B. 31 (mit 59 mm Hg, $t_1 = 2997°$). Die Dissoziation von H_2O unter Berücksichtigung des H_2-Überschusses steigt bei den gleichen Versuchsnummern von 0,001—0,1. Auf die Wiedergabe dieser Berechnung muß wegen ihres Umfangs verzichtet werden. Die berechneten Werte $\mathfrak{U}''_{H_2O}$ ohne Berücksichtigung der Dissoziation von H_2O, jedoch mit Rücksicht auf diejenige von H_2, sind teilweise in

Abb. 16 eingetragen. Auch wenn noch die Dissoziation von H_2O in Abzug gebracht wird, fallen die aus diesen beiden Versuchsreihen berechneten Werte von $\mathfrak{U}'_{H_2O}$ erheblich höher als die anderen, woraus zu schließen ist, daß (wegen des niedrigen Druckes und der hohen Temperaturen) beträchtliche Wärmeverluste mit den Explosionen verbunden waren. Für die Berechnung der Werte von $\mathfrak{U}_{H_2O}$ sind daher die Versuchsreihen mit Unterdruck weniger geeignet.

Innere Energie und spezifische Wärme. Auf Grund aller dieser Berechnungen und Überlegungen wurde nun in Abb. 16 die wahrscheinlichste Kurve der wahren Werte $\mathfrak{U}_{H_2O}$ graphisch eingetragen. Aus der ersten derartigen Kurve wurden dann die spezifischen Wärmen $\mathfrak{C}_v$ durch Ziehen der Tangenten bestimmt gemäß

$$\mathfrak{C}_v = \frac{d\mathfrak{U}}{dt}\,.$$

Es zeigte sich nach Auftragung dieser Werte von $\mathfrak{C}_v$, daß sich die gewonnene Punktreihe zwischen 1200 und 3000° gut durch eine Gerade ausgleichen ließ, die sich durch die Beziehung

$$\mathfrak{C}_v = \mathfrak{C}_{v\,1200} + \frac{t-1200}{1500}\cdot 0{,}38 = 0{,}37 + \frac{t-1200}{1500}\cdot 0{,}38$$

darstellen läßt. Mittels dieser Beziehung wurde nun die endgültige Kurve der Werte $\mathfrak{U}_{H_2O}$ in Abb. 16 eingetragen, die sich nur sehr wenig von der ersten auf rein graphischem Wege eingetragenen unterscheidet, jedoch den Vorzug hat, überall ganz stetig zu verlaufen. Die wahren spezifischen Wärmen von H_2O können hiernach in dem Gebiet zwischen 1200° und 3000° durch ein lineares Gesetz dargestellt werden. Nach den Wärmetabellen der PTR. besteht ein solches Gesetz auch für das Gebiet von 0° bis 1200°, jedoch mit einem wesentlich langsameren Anstieg der spezifischen Wärme mit der Temperatur, vgl. Abb. 16 unten links. Da in Wirklichkeit bei 1200° kein unstetiger Übergang der Werte unterhalb und oberhalb dieser Temperatur stattfinden wird, so stellen vermutlich beide Gesetzmäßigkeiten Annäherungen an den wahren Verlauf dar, der einer von 0° bis 3000° stetig verlaufenden Kurve entsprechen wird. Es wäre nicht schwierig, ein analytisches Gesetz dafür ausfindig zu machen, wie es schon Siegel[1] getan hat. Es wird hier darauf verzichtet, weil die vorliegende Darstellung übersichtlicher ist und auch weitere thermodynamische Rechnungen, besonders solche über die Dissoziationsverhältnisse, noch am einfachsten auszuführen gestattet.

Die obige Formel für $\mathfrak{C}_v$ ist in einer Form geschrieben, die erkennen läßt, daß sie nur von 1200° aufwärts gilt. In diesem Gebiet ist dann auch

$$\mathfrak{C}_p = \mathfrak{C}_v + 0{,}0886 = 0{,}459 + \frac{t-1200}{1500}\cdot 0{,}38$$

und die Molekularwärmen werden daher

$$C_v = 22{,}4\cdot\mathfrak{C}_v = 8{,}28 + \frac{t-1200}{1500}\cdot 8{,}51$$

$$C_p = C_v + 1{,}99 = 10{,}27 + \frac{t-1200}{1500}\cdot 8{,}51\,.$$

[1] A. a. O.

Von 0^0 bis 1200^0 ist dagegen nach den Wärmetabellen der Physikalisch-Technischen Reichsanstalt

$$c_p = 0{,}4528 + 0{,}0000924\,t\,,$$

also die Molekularwärme bei konstantem Druck

$$C_p = 18{,}016\,c_p = 8{,}15 + 0{,}001668\,t\,.$$

Daraus folgt im gleichen Gebiet

$$C_v = C_p - 1{,}99 = 6{,}16 + 0{,}001668\,t$$

und

$$\mathfrak{C}_v = \frac{C_v}{22{,}4} = 0{,}275 + 0{,}000744\,t$$

für die Menge von 1 m^3 0^0 760 mm. Für $t = 1200^0$ wird somit $\mathfrak{C}_v = 0{,}364$.

Die Werte der inneren Energie $\mathfrak{U}$ oberhalb 1200^0 ergeben sich hiernach wie folgt. Bei 1200^0 ist die gesamte innere Energie einschließlich der inneren Verdampfungswärme und Flüssigkeitswärme

$$\mathfrak{U}_{1200} = 835\ \text{kcal/m}^3\ 0^0\ 760\,,$$

wobei für 100^0 nach den Münchener Tabellen die innere Energie des Sattdampfs gleich 599,3 kcal/kg, also $0{,}803 \cdot 599{,}3 = 480$ kcal/m^3, die Überhitzungswärme von 100^0 bis 1200^0 nach den Wärmetabellen der PTR. gleich $1100 \cdot 0{,}323 = 355$ kcal/m^3 gesetzt wurde. Von 1200^0 aufwärts erfolgt die Zunahme der inneren Energie wegen des linearen Wachstums der spezifischen Wärme nach

$$\mathfrak{U} - \mathfrak{U}_{1200} = (t - 1200)\,\frac{0{,}37 + \mathfrak{C}_v}{2}\,,$$

also mit der Gleichung für $\mathfrak{C}_v$ nach

$$\mathfrak{U} - \mathfrak{U}_{1200} = (t - 1200)\left[0{,}37 + 0{,}19\,\frac{t-1200}{1500}\right].$$

Hiernach sind nun in der Zahlentafel I die Werte von $\mathfrak{U}$ für 1 $m^3 0^0 760$ und von U (für 1 kg) eingetragen. Dabei sind allerdings die Energiewerte $\mathfrak{U}$ nicht wie in Abb. 16 über Wasser von 0^0, sondern über Dampf von 0^0 eingetragen, da für die meisten Rechnungen nur die Überhitzungswärmen gebraucht werden. $\mathfrak{U}_{0^0}$ ist gleich 453 kcal/m^3 gesetzt. Die gleiche Zahlentafel enthält auch sämtliche andere in Betracht kommenden thermischen Größen, die sich hiernach auf Grund der bekannten Zusammenhänge berechnen lassen. Hierzu ist nun noch folgendes zu bemerken.

Die in Abb. 16 ausgezogen gezeichnete wahre $\mathfrak{U}$-Kurve, aus der die vorstehenden Werte der spezifischen Wärmen hergeleitet sind, ist unter engem Anschluß an die Kurve der Physikalisch-Technischen Reichsanstalt und andererseits (von 1400^0 aufwärts) an die zu tiefst liegenden Punktreihen der Explosionsversuche eingetragen worden. Die Wärmeverluste sind dabei, wie Abb. 16 zeigt, sowohl in dem Gebiet zwischen 1700^0 und 2150^0, als auch in dem Gebiet zwischen 2300^0 und 2600^0 bei den der $\mathfrak{U}$-Kurve zunächst gelegenen Explosionsversuchen als sehr klein angenommen. Daß dies berechtigt ist, beweist für die Temperaturen zwischen 1700^0 und 1900^0 der Umstand, daß diese Versuchspunkte sehr nahe in die Verlängerung der PTR.-Uurve fallen, die ja als verlustfrei anzunehmen ist. In diesem Gebiet hätte sich die $\mathfrak{U}$-Kurve sogar noch tiefer legen lassen. Jedoch hätte dies für die höheren Temperaturen entweder auf einen sehr raschen Anstieg der spezifischen Wärmen oder auf größere Wärmeverluste als bei den tieferen Temperaturen geführt. Extrapoliert man die PTR.-Kurve bis 2600°, so ergibt sich bei dieser Temperatur ein Wärmeverlust $\Delta Q_w = 180$ kcal oder in Bruchteilen der aufgewendeten Verbrennungswärme von 2600 kcal $\frac{180}{2600} = 0{,}07$ oder 7%. Gegenüber einem verschwindend kleinen Wärmeverlust bei den tieferen Temperaturen 1700° bis 2000° erscheint dies zwar unwahrscheinlich. Es wäre aber immerhin denkbar, daß die Wärmeverluste in dem Temperaturgebiet von 1700° bis 2000° durch ein Minimum hindurchgehen und bei höheren Temperaturen, etwa infolge der erhöhten Ausstrahlung des in größeren Bruchteilen im Feuergas enthaltenen Wasserdampfs, wieder zunehmen würden. In diesem Falle würde die wahre $\mathfrak{U}$-Kurve einen tieferen Verlauf nehmen, etwa wie in Abb. 16 strichpunktiert eingetragen. Diese Kurve gilt gleichfalls für einen linearen Anstieg der spezifischen Wärme, der jedoch weniger steil ist. Hieraus geht hervor, daß oberhalb von etwa 2100° noch eine gewisse Unsicherheit besteht, die sich jedoch hauptsächlich bei den wahren spezifischen Wärmen, weniger bei den technisch wichtigeren Energiewerten und Wärmeinhalten geltend macht, die im Temperaturgebiet von 2300° bis 2700° bei der Annahme verschwindend kleiner Wärmeverluste, wie sie der Zahlentafel I zugrunde liegt, um nicht mehr als etwa 4% zu groß sein können.

In Abb. 15 sind ferner die verschiedenen Werte von C_v für Wasserstoff (H_2) eingetragen[1]. Den obigen Berechnungen zugrunde gelegt sind die Werte nach Nernst. Die von K. Wohl (1924) ermittelten Werte liegen bei Temperaturen über 1000° etwas höher, dagegen die zuletzt (1928) ermittelten[1] etwas tiefer. Sieht man diese als die genauesten an, so würden sich bei ihrer Verwendung in den obigen Berechnungen noch größere Werte von $\mathfrak{U}'_{H_2O}$ ergeben, also entweder größere Wärmeverluste bei den Explosionsversuchen oder größere Werte von $\mathfrak{U}_{H_2O}$.

Zahlentafel 4.

Nr.	t_0 °C	t_1 °C	$m_{i(N_2)}$	$m_{i(H_2)}$	$m_{i(H_2O)}$	$\mathfrak{U}'_{N_2}$
158	16,85	1317	5,806	0,476	0,141	336
159	17,09	1492	4,799	0,546	0,130	382
160	16,60	1752	3,718	0,517	0,105	454
161	16,81	1917	3,186	0,443	0,096	506
162	17,03	2144	2,544	0,366	0,086	575
163	17,11	2325	1,894	0,534	0,077	641
157	52,98	1388	3,966	0,952	1,603	336
156	53,06	2078	1,984	0,356	0,636	519

[1] Die mit „K. Wohl 1928" bezeichneten Werte verdanke ich freundlicher brieflicher Mitteilung vom 8. Dezember 1928.

b) Stickstoff. Zur Ermittlung der inneren Energie und der spezifischen Wärme des Stickstoffs wurden in erster Linie die Versuche von Pier mit $(H_2 + O) + m_i(N_2) + m_i(H_2)$ verwendet, bei denen einerseits die Dissoziation des Wasserdampfes durch H_2 zurückgedrängt und andererseits der Stickstoffgehalt der Feuergase erheblich ist (Versuche P. 158—163 und P. 156, 157). Da die Wärmeaufnahme des Wasserdampfes nach den vorangehenden Ermittlungen bekannt ist, so kann man aus diesen Versuchen die Wärmeaufnahme von N_2 berechnen, wenn man wieder diejenige von H_2 als bekannt voraussetzt. Man könnte hier auch zunächst die Summe aus der Wärmeaufnahme des N_2 und H_2 berechnen und daraus die des N_2, was auf das gleiche hinauskommt.

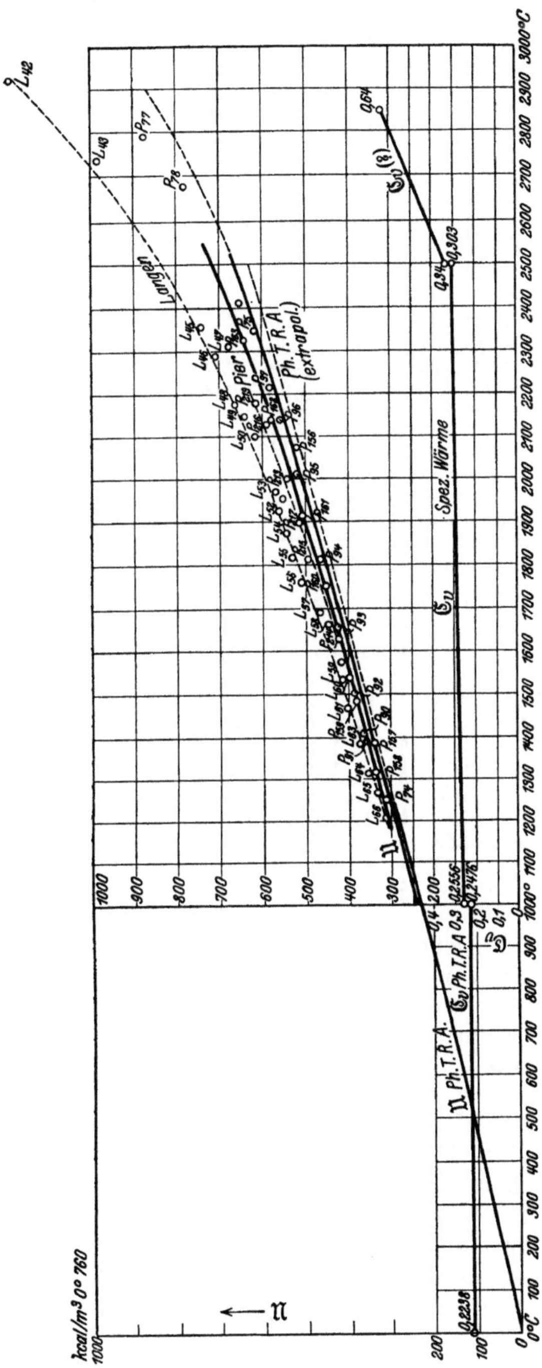

Abb. 17.

Die Feuergase sind zusammengesetzt nach

$$1 + m_i(H_2) + m_i(H_2O) + m_i(N_2),$$

d. h. ein Raumteil Verbrennungswasserdampf und je m_i Raumteile der übrigen (inerten) Gase. Nach dem gleichen Berechnungsverfahren wie oben ergaben sich nun die in der Zahlentafel 5 aufgeführten Werte für U'_{N_2} zwischen 17^0 und $t_1{}^0$.

In Abb. 17 sind diese Werte als Ordinaten zu den Temperaturen als Abszissen aufgetragen. In die gleiche Abbildung sind auch die Werte nach den

Wärmetabellen der PTR. bis 1200° eingetragen und darüber hinaus extrapoliert (gestrichelt). Man erkennt, daß die Pierschen Versuchswerte P. 158—163 merkbar über der letzteren Linie liegen, so daß sie bestimmt bei den tieferen Temperaturen mit einem merklichen Wärmeverlust behaftet sind.

Zahlentafel 5.

Nr.	t_0 °C	t_1 °C ohne Diss.	t_1' °C mit Diss.	$Q_{diss\,H_2O}$ kcal/1 m³ N_2	$\mathfrak{U}'_{N_2}\,{}_{17}^{}-t$ kcal/m³	Nr.	t_0 °C	t_1 °C ohne Diss.	t_1' °C mit Diss.	$Q_{diss\,H_2O}$ kcal/1 m³ N_2	$\mathfrak{U}'_{N_2}\,{}_{17}^{}-t$ kcal/m³
74	21,0	1254	1254	0	318	96	19,5	2155	2143	25	560
91	18,3	1394	1394	0	358	97	22,1	2230	2218	35	577
90	20,6	1406	1406	0	364	75	23,1	2358	2341	49	615
92	19,1	1504	1504	0	386	76	21,3	2436	2413	57	652
93	20,0	1657	1656	2	428	78	17,0	2735	2675	134	779
94	20,8	1814	1812	5	469	77	18,1	2871	2789	208	872
95	21,5	2018	2013	15	521						

Zahlentafel 6.

Nr.	t_1 °C	$\mathfrak{U}'_{N_2+O_2}$	Nr.	t_1 °C	$\mathfrak{U}'_{N_2+O_2}$	Nr.	t_1 °C ohne Diss.	t_1' °C mit Diss.	α_{H_2O}	$\mathfrak{U}'\,{}_{N_2+O_2}^{80}-t^0$
L.										
50	2104	617	59	1537	416	42	2997	2918	0,090	1185
51	1971	570	60	1541	399	43	2765	2735	0,045	980
52	1927	562	61	1473	398	44	2639	2616	0,037	1055
53	1957	560	62	1397	393	45	2372	2353	0,043	745
54	1875	546	63	1387	373	46	2307	2296	0,028	710
55	1820	529	64	1318	350	47	2322	2311	0,027	678
56	1760	506	65	1259	329	48	2182	2177	0,015	666
57	1687	471	66	1207	315	49	2152	2148	0,012	646
58	1657	446								

Dagegen liegen die beiden Versuche mit erhöhter Anfangstemperatur P. 157 und 156 der P. T. R.-Linie wesentlich näher.

Die Dissoziation ist bei diesen Versuchen wegen des H_2-Überschusses nicht berücksichtigt worden, wenn sie auch bei den beiden Versuchen P. 162 und 163 schon eine gewisse Rolle spielt.

Versuche von Pier mit $(H_2 + O) + m_i\,(N_2)$. Bei diesen Versuchen spielt die Dissoziation des H_2O bei den höheren Temperaturen (über 2000°) eine nicht unerhebliche Rolle. Von 2400° ab wird eine Wärmemenge von mehr als 10%, bei 2870° sogar von 24% der vom Stickstoff aufgenommenen Wärme für die Dissoziation von H_2O verbraucht, so daß man ohne Berücksichtigung dieser Dissoziation zu hohe Werte für $\mathfrak{U}_{N_2}$ erhalten würde. Die Zahlentafel 6 enthält die nach Abzug der Dissoziationswärme von H_2O sich ergebenden Energiewerte des Stickstoffs, sowie die auf 1 m³ N_2 bezogenen Dissoziationswärmen von H_2O. Die Werte $\mathfrak{U}_{N_2}$ sind gleichfalls in Abb. 17

eingetragen[1]. Sie fallen, wie man sieht, in die gleiche Linie wie die der vorigen Versuchsreihe.

Versuche von Langen mit $(H_2 + O) + m_i\,(N_2) + m_i\,(O_2)$. Ohne wesentliche Dissoziation ist die Versuchsreihe von Langen Nr. 50—66, mit Temperaturen von 1207° bis 2104°, da bis dahin durch den überschüssigen Sauerstoff die Dissoziation zurückgedrängt wird. Die in der Zahlentafel 6 enthaltenen Werte von $\mathfrak{U}'_{N_2+O_2}$, die in gleicher Weise wie oben berechnet wurden, sind gleichfalls in Abb. 17 eingetragen. Bei den tieferen Temperaturen fallen sie nahe an die Pierschen Werte, weichen aber doch in ihrem ganzen Verlauf von diesen nach oben ab, und zwar schon bei den tieferen Temperaturen von 1200—1500°, wo die Dissoziation noch verschwindend klein ist. Die Gründe für diese systematische Abweichung dürfte einerseits in den größeren Wärmeverlusten infolge der nicht vollkommenen Kugelgestalt der Bombe, andererseits in der größeren Trägheit des Indikators zu suchen sein, der bei den schärferen Gemischen (mit 1800—2100° Höchsttemperatur) den sehr raschen Druckänderungen nicht so schnell folgen konnte, wie der leichte Membranindikator mit Spiegelübertragung bei Pier. Immerhin lassen auch diese Versuche den Charakter der Zunahme der inneren Energie der einfachen Gase mit der Temperatur klar erkennen, aber es wird zugleich ersichtlich, daß sich aus den Langenschen Versuchen allein schon bei Temperaturen von 1200—1500° etwas zu hohe Werte von $\mathfrak{U}_{N_2}$, also auch zu große spezifische Wärmen der zweiatomigen Gase ergeben mußten.

Die Fortsetzung dieser Versuchsreihe nach oben, die Versuche L. 42 bis 49 von Langen, zeigen erhebliche Dissoziation von H_2O, wie aus der Zahlentafel 6, rechte Seite, hervorgeht. Aber auch wenn man den Dissoziationsaufwand in Abzug bringt, ergibt sich, wie Abb. 17 zeigt, immer noch ein gegenüber den Pierschen Versuchen erheblich stärkerer Anstieg der Energiewerte der Mischung von N_2 und O_2. Daran ändert sich auch nichts Wesentliches, wenn man den Einfluß der NO-Bildung berücksichtigt, die bei den sehr hohen Temperaturen der Versuche Nr. 42—44 (2600—3000°) bestimmt auftritt und eine scheinbare Vergrößerung der inneren Energie hervorruft. Diese Untersuchung, die durchgeführt wurde, kann hier nicht wiedergegeben werden.

Versuche von Pier mit C_2H_2 (Azetylen) und Luft bzw. Sauerstoff. Bei diesen Versuchen (P. 213—219) sind neben CO_2 und H_2O als Verbrennungsprodukten noch sehr große Mengen inerter zweiatomiger Gase (N_2 und O_2) im Feuergas enthalten, wogegen der CO_2-Gehalt nur 8—10% beträgt. Diese Versuchsreihe ist daher besonders geeignet zur Ermittlung der Wärmeaufnahme der zweiatomigen Gase, nachdem die Wärmeaufnahme von CO_2 und H_2O anderweit ermittelt ist. Mit den vorstehend ermittelten Werten von $\mathfrak{U}_{H_2O}$ und den weiter unten ermittelten Werten von $\mathfrak{U}_{CO_2}$ ergaben sich nun die gleichfalls in Abb. 17 eingetragenen Werte von $\mathfrak{U}_{N_2}$, die mit P. 213 bis P. 219

[1] P. 74, 91, 90, 92, 93, 94, 95, 96, 97, 75, 76, 77, 78.

bezeichnet sind. Diese Wertereihe liegt zwischen den anderen Pierschen Reihen und der Langenschen Reihe.

Innere Energie und spezifische Wärme. In die Abb. 17 sind nun auch die Werte von $\mathfrak{U}_{N_2}$ nach den Wärmetabellen der PTR. eingetragen, die bis etwa 1300° gelten. Darüber hinaus ist diese Kurve gestrichelt extrapoliert nach der bis 1300° geltenden Formel

$$c_p = 0{,}2491 + 0{,}000019\,t,$$

aus der sich ergibt

$$\mathfrak{C}_v = 0{,}2238 + 0{,}0000238\,t,$$

und daher

$$\mathfrak{U}_{N_2} = (0{,}2238 + 0{,}0000119\,t)\,t.$$

Aus Abb. 17 ist ersichtlich, daß die Explosionsversuche da beginnen, wo die kalorimetrischen Werte der PTR. endigen, und daß die aus den Explosionsversuchen abgeleiteten Werte $\mathfrak{U}_{N_2}$ an dieser Stelle etwas, aber nicht viel höher liegen. Der Unterschied dürfte, wie früher beim Wasserdampf, durch die unvermeidlichen Wärmeverluste bei den Explosionsversuchen hervorgerufen sein. Man erkennt ferner, daß auch die über 1300° extrapolierte Kurve der PTR. bis etwa 2000° nicht sehr viel von den Pierschen Explosionswerten abweicht. Von hier ab wird indessen die Abweichung immer größer. Um den Explosionsversuchen gerecht zu werden, wurde daher für diese eine ausgleichende Kurve eingetragen, die von 1200° bis 2500° etwas höher verläuft als die PTR.-Kurve, aber noch etwas unterhalb der kleinsten Werte nach den Pierschen Versuchen. Das dieser Kurve zugrunde liegende Änderungsgesetz der spezifischen Wärme konnte linear angenommen werden, und zwar nach

$$\mathfrak{C}_v = 0{,}2238 + 0{,}0000318\,t,$$

gültig zwischen 1200° und 2500°. Daraus folgt die Molekularwärme im gleichen Temperaturgebiet

$$C_v = 22{,}4\,\mathfrak{C}_v,$$

also

$$C_v = 5{,}013 + 0{,}000713\,t$$
$$= 4{,}818 + 0{,}000713\,T,$$

und bei konstantem Druck

$$C_p = 7{,}0 + 0{,}000713\,t$$

oder

$$C_p = 6{,}803 + 0{,}000713\,T.$$

Auf Grund dieser Werte ist nun die Zahlentafel II für die thermischen Werte des Stickstoffs aufgestellt, die, soweit sie sich auf molekulare Mengen oder auf $m^3\,0^0\,760$ bezieht, auch für die Luft, O_2, CO und angenähert auch für H_2 gilt.

Zu bemerken ist noch, daß von 2500° aufwärts die aus den Versuchen abgeleitete U-Kurve (Abb. 17) ihren Charakter deutlich ändert und erheblich rascher ansteigt. Diesem gestrichelt eingetragenen Kurvenast entspricht daher auch ein wesentlich rascherer Anstieg der spezifischen Wärme mit der Temperatur, wie er in Abb. 17 unten gleichfalls gestrichelt eingetragen ist. Von 2500⁰ bis 2850⁰ würde die spezifische Wärme von 0,34 bis auf 0,64 steigen! Allerdings wird ein derartiger unerwarteter Verlauf nur durch wenige Versuchspunkte (P. 77 und 78 und L. 42 und 43) gestützt, so daß genauere Untersuchungen das Bild noch verändern können. Nach den vorliegenden Versuchen muß man jedoch diesen Verlauf annehmen, der kaum anders zu erklären ist, als daß von 2400^0 bis 2500^0 C aufwärts entweder eine Dissoziation von N_2 oder O_2 in ihre Atome (wie bei H_2) oder eine andere unbekannte, unter Wärmeaufnahme verlaufende Reaktion bei den Explosionsversuchen auftritt.

Die obigen Werte für $\mathfrak{U}_{N_2}$ beruhen auf den weiter oben hergeleiteten Werten von $\mathfrak{U}_{H_2O}$. Sollten die letzteren Werte bei hohen Temperaturen etwas zu groß sein (vgl. S. 28), so würde dies die Folge haben, daß die Werte von $\mathfrak{U}_{N_2}$, wie sie in Abb. 17 und Zahlentafel II enthalten sind, etwas zu klein wären.

In dem Übergangsgebiet (um 1200^0) sind die Werte der Zahlentafeln I und II graphisch ausgeglichen, um einen unstetigen Übergang zu vermeiden.

c) Kohlensäure. Der Ermittlung der Energiekurve der CO_2 im Explosionsgebiet wurden die folgenden Versuche zugrunde gelegt:

1. Die Explosionsversuche von Pier mit C_2H_2 (Azetylen), Nr. 220—224. Bei diesen Versuchen waren außer dem theoretisch nach der Verbrennungsgleichung

$$C_2H_2 + 2{,}5\,O_2 = 2\,CO_2 + H_2O$$

erforderlichen Sauerstoff noch mindestens ebensoviel überschüssiger Sauerstoff sowie erhebliche Mengen überschüssige CO_2 den Ladungen beigemischt. Die Wärmeentwicklung von 1 Mol C_2H_2 bei konstantem Volumen wurde nach Pier mit 300000 kcal (für flüssiges Wasser) angenommen, also für 1 m³ 0⁰ 760 Azetylengas $\frac{300\,000}{22{,}4} = 13\,393$ kcal.

Durch den überschüssigen Sauerstoff wird die Dissoziation der CO_2 stark zurückgedrängt, was bei der an sich wesentlich stärkeren Dissoziation von CO_2, verglichen mit H_2O, noch wichtiger ist als bei den H_2-Explosionen.

Die Wärmeaufnahme des Wasserdampfs und des überschüssigen Sauerstoffs wurde bei der Berechnung der Energieaufnahme der Kohlensäure mit den oben für H_2O und N_2 ermittelten Werten in Rechnung gestellt. Die Zahlentafel 7 enthält die Rechnungsergebnisse, wie sie ohne Berücksichtigung der Dissoziation gewonnen wurden. Die Temperaturen liegen zwischen 1611^0 und 2292^0 C.

Zahlentafel 7.

Nr.	t_0 °C	t_1 °C	$\mathfrak{U}_{CO_2}\,{}_{18}^{t}$ $\frac{\text{kcal}}{\text{m}^3}$
223	18,3	1611	774
224	18,5	1725	834
220	18,7	1831	897
221	18,3	1839	930
222	18,6	2110	1073
170	18,4	2442	1251
171	17,9	2292	1308

2. Die Versuche von Pier Nr. 170 und 171 mit $(CO + O) + m_i(CO) + m_i(O_2) + m_i(H_2O)$. Die Verbrennungstemperaturen liegen

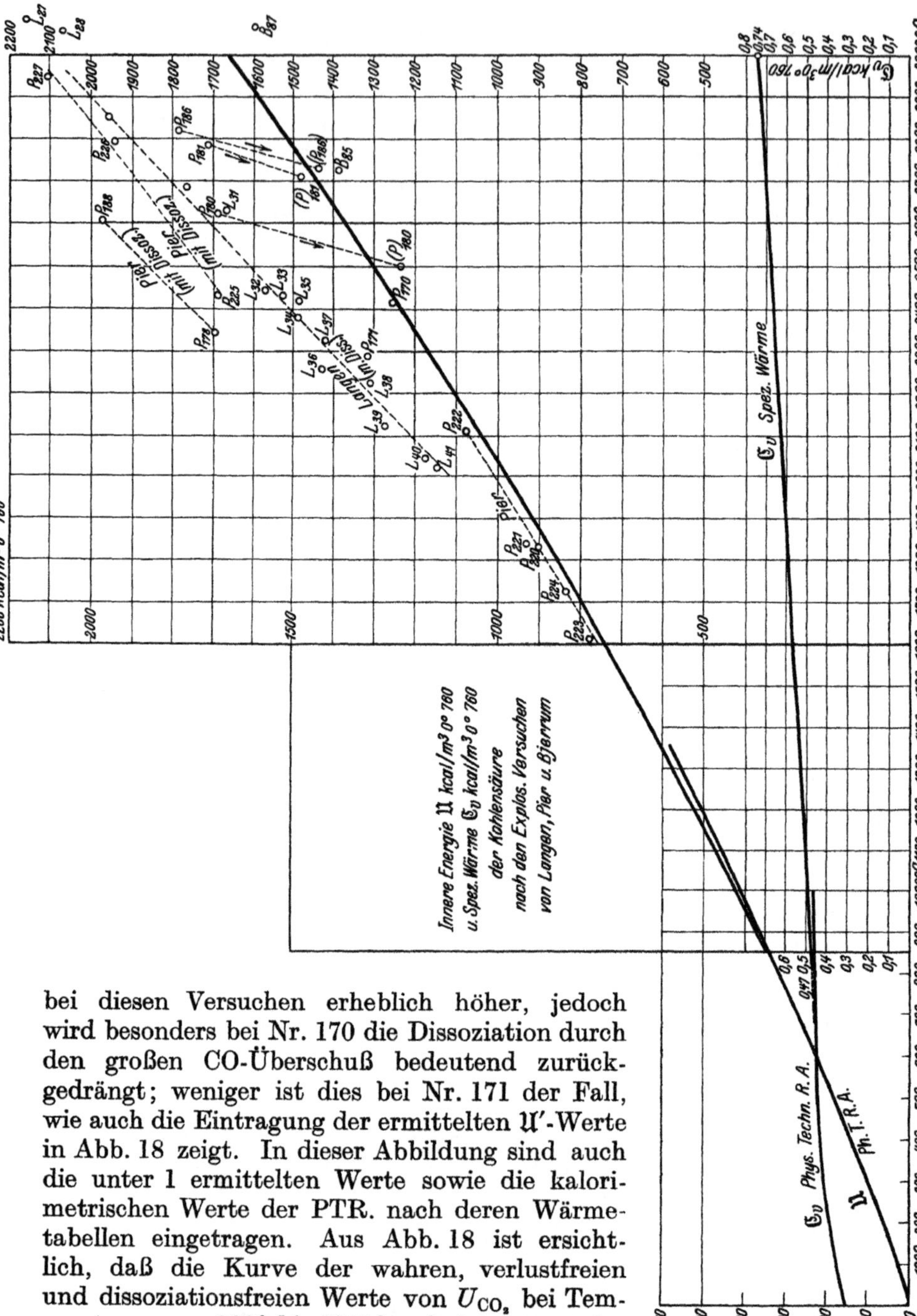

Abb. 18.

bei diesen Versuchen erheblich höher, jedoch wird besonders bei Nr. 170 die Dissoziation durch den großen CO-Überschuß bedeutend zurückgedrängt; weniger ist dies bei Nr. 171 der Fall, wie auch die Eintragung der ermittelten 𝔘′-Werte in Abb. 18 zeigt. In dieser Abbildung sind auch die unter 1 ermittelten Werte sowie die kalorimetrischen Werte der PTR. nach deren Wärmetabellen eingetragen. Aus Abb. 18 ist ersichtlich, daß die Kurve der wahren, verlustfreien und dissoziationsfreien Werte von U_{CO_2} bei Temperaturen von 800° bis 1200° aufwärts zwangslos an die verlustfreie Kurve der PTR. angeschlossen werden kann, wobei sich ein verhältnismäßig kleiner Wärmeverlust für die Explosionsversuche ergibt.

3. Weitere Explosionsversuche von Pier und Bjerrum mit $CO + O$, die erheblich in das Dissoziationsgebiet fallen. Besonders ist dies bei den Versuchen P. 178 und 188 sowie P. 225 und 227 der Fall, wo kein überschüssiges CO, sondern überschüssiger O_2 verwendet wurde. Vermutlich spielt aber hier auch der erhöhte Wärmeverlust infolge der längeren Verbrennungsdauer, besonders der trockenen Gemische, eine große Rolle. Das gleiche gilt von den Bjerrumschen Versuchen B. 83, 87, 85, 89.

4. Die Versuchsreihe von Pier Nr. 181, 186, 180 mit trockenen Gemischen $(CO + O) + m_i(CO_2) + m_i(CO) + m_i(N_2)$. Diese Reihe zeigt zwar infolge der sehr hohen Temperaturen einen beträchtlichen Einfluß der Dissoziation, aber die Dissoziationsgrade werden doch infolge des CO-Überschusses auf ein noch abschätzbares Maß zurückgeführt, wie die Zahlentafel 8 zeigt, in der die ohne den Einfluß des CO-Überschusses berechneten Dissoziationsgrade $\alpha_{0\,CO_2}$ und die mit diesem Einfluß berechneten Werte α_{CO_2} enthalten sind.

Zahlentafel 8.

Nr.	$m_i(CO_2)$	$m_i(CO)$	$m_i(N_2)$	$m_i(H_2O)$	t_1 °C ohne Diss.	$\alpha_{0\,CO_2}$	α_{CO_2}	$\mathfrak{U}'_{CO_2}$ 18^0-t^0 $\frac{kcal}{m^3}$
181	0	1,52	0	0	2787	0,36	0,08	1472
186	0,01	1,40	0	0	2817	0,385	0,11	1432
180	0	0,5945	1,174	0	2622	0,325	0,15	1231
170	0,05	2,366	—	0,0837	2442	—	—	[1251]
171	0,827	0,891	—	0,0649	2292	—	2292	[1308]

In Abb. 18 sind nun alle nach diesen Versuchen berechneten Werte von $\mathfrak{U}'_{CO_2}$ eingetragen, und zwar auch die mit sehr großem Dissoziationseinfluß behafteten Werte, die infolgedessen erheblich über der wahren Energiekurve der CO_2 liegen müssen. Dann wurde bei den letzteren Werten der Einfluß der Dissoziation schätzungsweise berechnet, und die daraus gewonnenen verbesserten Werte der Energie und der Temperatur wurden eingetragen, wie sie in Abb. 18 durch die schräg miteinander verbundenen Punkte angegeben sind. Diese neuen Punkte fielen nahe an die Kurve, die sich durch die Extrapolation aus dem dissoziationsfreien Gebiet ergab.

Außerdem wurde nun die sehr umfangreiche Versuchsreihe von Langen mit CO-Luft und CO-O_2-Gemischen berechnet, die sich fast über das gesamte Temperaturgebiet der vorstehenden Versuche, von 2000° bis 3100° C, erstreckt. Die ohne Rücksicht auf die Dissoziation berechneten $\mathfrak{U}'$-Werte sind in Abb. 18 gleichfalls eingetragen (L. 26 bis 41).

Man ersieht aus Abb. 18, daß schon bei Nr. 41 mit rund 2000° wesentliche Dissoziation bestand, die sich mit steigender Temperatur immer höher steigert. Die Berechnung von $\mathfrak{U}_{CO_2}$ oder c_{v_m} aus diesen Versuchen allein mußte daher zu hohe Werte ergeben.

Innere Energie und spezifische Wärme. Wie Abb. 18 zeigt, sind bis etwa 800° C als Energiewerte diejenigen nach den Wärmetabellen der PTR. angenommen. Von hier ab weicht die $\mathfrak{U}$-Kurve langsam von diesen Werten nach oben ab. Bei 800° C ist $\mathfrak{U}_{CO_2} = 320 \frac{\text{kcal}}{\text{m}^3\, 0^0\, 760}$.

Die in Abb. 18 von 800° nach oben eingetragene endgültige Kurve der wahren $\mathfrak{U}$-Werte läßt sich genau darstellen durch eine Kurve mit linear zunehmender spezifischer Wärme. Bestimmt man nämlich von 100° zu 100° die wahren spezifischen Wärmen aus

$$\mathfrak{C}_v = \frac{\Delta \mathfrak{U}}{100},$$

so erhält man die in Abb. 18 unten eingetragene Punktreihe, die sich in den Grenzen der Versuchsgenauigkeit durch eine Gerade ausgleichen läßt.

Nach den Wärmetabellen der PTR. ist bei 800° die Molekularwärme

$$C_v = 10{,}2\ \text{kcal/Mol},$$

also

$$\mathfrak{C}_v = \frac{10{,}2}{22{,}4} = 0{,}456\ \text{kcal/m}^3\, 0^0\, 760.$$

Dagegen ergibt die Ausgleichgerade zwischen 800° und 3000° bei 800° $\mathfrak{C}_v = 0{,}47$, und bei 3000° $\mathfrak{C}_v = 0{,}74$. Daraus folgt für das Gebiet zwischen 800° und 3000°

$$\mathfrak{C}_v = 0{,}47 + 0{,}1228 \frac{t - 800}{1000}.$$

Zwischen 0° und 800° besteht dagegen keine lineare Beziehung. In den Wärmetabellen der PTR. wird dafür eine Gleichung 3. Grades nach t angegeben, und zwar für 1 kg CO_2

$$c_p = 0{,}1971 + 0{,}0002565\, t - 0{,}002972 \cdot 10^{-4} \cdot t^2 + 0{,}0001254 \cdot 10^{-6} \cdot t^3.$$

Die Energiewerte für das Gebiet zwischen 0° und 800° sind ebenso wie die verschiedenen spezifischen Wärmen nach den Wärmetabellen der PTR. in der Zahlentafel III eingetragen, für das Gebiet zwischen 800° und 3000° dagegen nach der obigen Gleichung für $\mathfrak{C}_v$, wobei

$$\mathfrak{U}_{800^0} = 320\ \text{kcal/m}^3\, 0^0\, 760$$

gesetzt wurde.

Ferner gilt zwischen 800° und 3000°

$$C_v = 22{,}4\, \mathfrak{C}_v = 10{,}54 + 2{,}75 \frac{t - 800}{1000}$$

und

$$C_p = 12{,}525 + 2{,}75 \frac{t - 800}{1000}$$

oder

$$C_p = 9{,}575 + 0{,}00275\, T.$$

Daraus folgt durch Division mit 44

$$c_v = 0{,}240 + 0{,}0625 \frac{t - 800}{1000},$$

$$c_p = 0{,}284 + 0{,}0625 \frac{t - 800}{1000}.$$

Aus dem gleichen Grunde wie bei H_2O wurde darauf verzichtet, eine analytische Beziehung, die für das ganze Gebiet zwischen 0° und 3000° gilt, aufzustellen, da sich bei der verwickelten Form einer solchen Gleichung weitere Rechnungen, besonders solche über die Dissoziation, nicht anstellen lassen.

Zu bemerken wäre noch, daß die Werte des Wärmeinhalts $\mathfrak{J}$ bei konstantem Druck (über 0°) in den Zahlentafeln I[1], II[1] und III[1] aus den Werten von $\mathfrak{U}$ nach der Beziehung

$$\mathfrak{J} = \mathfrak{U} + \frac{1{,}985}{22{,}4} \cdot t$$

berechnet sind, und die in den Zahlentafeln gleichfalls enthaltenen mittleren spezifischen Wärmen (zwischen 0° C und t^0) nach

$$\mathfrak{C}_{v_m} = \frac{\mathfrak{U}}{t}$$

und

$$\mathfrak{C}_{p_m} = \frac{\mathfrak{J}}{t}.$$

5. Entropie.

Da bei den zweiatomigen Gasen und bei H_2O sowie bei CO_2 im Feuertemperaturgebiet (von 1000° aufwärts)

$$\mathfrak{C}_p = A + BT,$$
$$\mathfrak{C}_v = A' + BT$$

gesetzt werden kann, mit

$$A' = A - 0{,}0886,$$

so ist die Wärmeaufnahme von 1 m³ 0° 760 bei der unbeschränkt kleinen Temperaturänderung dT bei konstantem Druck

$$dQ_p = A\,dT + BT\,dT,$$

und bei konstantem Volumen

$$dQ_v = A'dT + BT\,dT.$$

Somit gilt für die elementare Entropieänderung bei konstantem Druck

$$d\mathfrak{S}_p = A \frac{dT}{T} + B\,dT,$$

und bei konstantem Volumen

$$d\mathfrak{S}_v = A' \frac{dT}{T} + B\,dT,$$

[1] Im Anhang.

und daher die Entropieänderung zwischen T_0 und T bei konstantem Druck

$$\mathfrak{S}_{pT} - \mathfrak{S}_{pT_0} = 2{,}303\, A \log \frac{T}{T_0} + B\,(T - T_0)$$

und bei konstantem Volumen

$$\mathfrak{S}_{vT} - \mathfrak{S}_{vT_0} = 2{,}303\, A' \log \frac{T}{T_0} + B\,(T - T_0).$$

Die Konstanten A, A' und B besitzen nach den obigen Ermittlungen über die spezifischen Wärmen die folgenden Werte:

H_2O: Von 0° bis 1200°: $A = 0{,}3437$, $A' = 0{,}2551$, $B = 0{,}0000744$;

von 1200° bis 3000°: $A = 0{,}0854$, $A' = -0{,}0032$, $B = 0{,}0002533$.

CO_2: Von 800° bis 3000°: $A = 0{,}427$, $A' = 0{,}338$, $B = 0{,}0001228$.

Von 0° bis 800° besteht für CO_2 keine lineare Beziehung für die spezifische Wärme. Die Entropiezunahme, die auf graphischem Wege oder aus der Formel der PTR. ermittelt werden kann, beträgt von 0° bis 800° bei konstantem Druck $\mathfrak{S}_{p\,800} = 0{,}645$, und bei konstantem Volumen $\mathfrak{S}_{v\,800} = 0{,}524$ Entropieeinheiten für die Menge von 1 m³ 0° 760.

6. Feuergastafel.

Temperatur-Entropie (T, $\mathfrak{S}$), Temperatur-Wärmeinhalt (T, $\mathfrak{J}$) und Temperatur-Energie (T, $\mathfrak{U}$) — Tafel für 1 m³ 0° 760 mm Q.-S. von Luft, zweiatomigen Gasen, Kohlensäure, Wasserdampf und technischen Feuergasen (Taf. I, Anhang).

In dieser Tafel sind zunächst zu den Temperaturen als Ordinaten die Wärmeinhalte $\mathfrak{J}$ über 0° C für Luft (und N_2, O_2, CO), Wasserdampf und Kohlensäure als Abszissen aufgetragen. Der Wärmemaßstab befindet sich am oberen Rand der Tafel. Für ein aus diesen Bestandteilen beliebig zusammengesetztes Feuergas kann der Wärmeinhalt aus der Tafel bestimmt werden, indem man von dem Wärmeinhalt eines jeden Bestandteils so viele Bruchteile nimmt, als er Raumteile im Feuergas besitzt. Besteht z. B. ein Feuergas aus 0,10 Raumteilen CO_2, 0,25 Raumteilen H_2O und 0,65 Raumteilen N_2 (aus Leuchtgas mit der theoretischen Luftmenge entstanden), so ist sein Wärmeinhalt

$$\mathfrak{J} = 0{,}10\, \mathfrak{J}_{CO_2} + 0{,}25\, \mathfrak{J}_{H_2O} + 0{,}65\, \mathfrak{J}_{N_2}.$$

In der Tafel ist nun die $\mathfrak{J}$-Kurve für das Feuergas des Kohlenstoffs mit der theoretischen Luftmenge eingetragen, das aus 0,21 Raumteilen CO_2 und 0,79 Raumteilen N_2 besteht, dessen Wärmeinhalt also

$$\mathfrak{J} = 0{,}21\, \mathfrak{J}_{CO_2} + 0{,}79\, \mathfrak{J}_{N_2}$$

ist. Die Feuergase aus anderen technischen Brennstoffen (mit der theoretischen Luftmenge) besitzen Wärmeinhalte, die verhältnismäßig wenig von denen des Kohlenstoffs abweichen[1]. Zwischen dieser Feuer-

[1] Vgl. W. Schüle: a. a. O.

gaskurve und der Luftkurve sind weiter die Wärmeinhalte der Kohlenstoff-Feuergase mit Luftüberschuß eingetragen, die oben durch die Kurve für reine Luft begrenzt sind. Denkt man sich diese Feuergase zusammengesetzt aus dem theoretischen Feuergas und aus der überschüssigen Luft, mit $\mathfrak{v}_l$ als Raumgehalt der letzteren und $1 - \mathfrak{v}_l$ als Raumgehalt des theoretischen Feuergases, so erhält man die Wärmeinhaltskurven für die verschiedenen Luftüberschüsse, indem man die Abszissenunterschiede zwischen den beiden Grenzkurven in gleich viele Teile (am besten in 10 Teile, wie in der Tafel) einteilt und die Teilpunkte verbindet. Zu jeder dieser Kurven gehört dann ein bestimmter, fester Wert von $\mathfrak{v}_l$. Zwischen $\mathfrak{v}_l$ und der Luftüberschußzahl n besteht die Beziehung[1]

$$n = 1 + \frac{\mathfrak{v}_l}{1 - \mathfrak{v}_l} \cdot \frac{V_g}{L_{\min}},$$

mit V_g als Volumen des mit der theoretischen Luftmenge $L_{\min}$ entstandenen Feuergases. Trägt man n als Ordinaten, $\frac{\mathfrak{v}_l}{1 - \mathfrak{v}_l}$ als Abszissen auf, so erhält man für jedes Feuergas eine andere Gerade, wie aus der Nebenfigur der Tafel zu ersehen ist. In dieser Abbildung sind auf der Abszissenachse die zu den Abszissen gehörigen Werte von $\mathfrak{v}_l$ angeschrieben, so daß man zu einem beliebigen n den zugehörigen Wert von $\mathfrak{v}_l$ der Figur entnehmen kann.

Die Werte der inneren Energie $\mathfrak{U}$ sind der Tafel als Abszissenunterschiede zwischen den $\mathfrak{J}$-Kurven und der durch den Ursprung gehenden schrägen Geraden zu entnehmen, die den Unterschied

$$\mathfrak{J} - \mathfrak{U} = \frac{1{,}985}{22{,}4}\, t$$

darstellt.

In ganz entsprechender Weise wie die Wärmeinhalte sind nun weiter die Werte der Entropie über 0° C, $\mathfrak{S}_p$ für konstanten Druck und $\mathfrak{S}_v$ für konstantes Volumen, eingetragen, die letzteren mit einem weiter rechts auf der Tafel liegenden Anfangspunkt, und zwar für Luft (und N_2, O_2, CO), Wasserdampf, Kohlensäure und das theoretische Feuergas von Kohlenstoff mit Luft, sowie für die Kohlenstoff-Feuergase mit Luftüberschuß. Für ein ganz beliebig zusammengesetztes Feuergas erhält man die $\mathfrak{S}$-Kurven aus

$$\mathfrak{S} = \mathfrak{v}\,(CO_2) \cdot \mathfrak{S}_{CO_2} + \mathfrak{v}\,(H_2O) \cdot \mathfrak{S}_{H_2O} + \mathfrak{v}\,(N_2) \cdot \mathfrak{S}_{N_2},$$

also z. B. für das obige Feuergas aus Leuchtgas

$$\mathfrak{S} = 0{,}10 \cdot \mathfrak{S}_{CO_2} + 0{,}25\, \mathfrak{S}_{H_2O} + 0{,}65\, \mathfrak{S}_{N_2}.$$

Zustandsänderungen eines bestimmten Feuergases, z. B. des Kohlenstoff-Feuergases mit $n = 1$, $\mathfrak{v}_l = 0$, lassen sich nun in der Tafel verfolgen, ohne daß man weitere Entropiekurven für andere Drücke und Volumina einträgt, wie es sonst bei den Entropietemperaturtafeln üblich ist. Die Entropiekurven $\mathfrak{S}_p$ eines und desselben Gases für verschieden hohe Drücke sind identisch und nur in der Richtung der Entropieachse

---

[1] Vgl. W. Schüle: a. a. O.

gegeneinander verschoben. Die Verschiebung beträgt, wenn die Menge von 1 m³ 0° 760 zugrunde liegt, wie in der Tafel,

$$-0{,}20405 \log \frac{p}{p_0} \quad \text{(Entropieeinheiten).}$$

Ebenso sind die Entropiekurven für verschiedene Werte von v um den Betrag

$$0{,}20405 \cdot \log \frac{v}{v_0}$$

gegeneinander verschoben.

Diese Verschiebungswerte sind nun in der Tafel auf der Abszissenachse unten links für aufeinanderfolgende Werte von $\frac{p}{p_0}$ und $\frac{v}{v_0}$ aufgetragen und mit den zugehörigen Werten $\frac{p}{p_0}$ und $\frac{v}{v_0}$ bezeichnet. Man kann daher für ein beliebiges Druck- oder Raumverhältnis die Verschiebung auf dem Verschiebungsmaßstab abgreifen.

Will man z. B. ermitteln, welche Endtemperatur bei der adiabatischen Ausdehnung des theoretischen Kohlenstoff-Feuergases entsteht, wenn sich dieses Gas bei anfänglich 1580° C auf den zehnten Teil seines Anfangsdruckes adiabatisch ausdehnt, so verfährt man wie folgt. Man nimmt die zu $\frac{p}{p_0} = \frac{1}{10}$ (oder 10) gehörige Verschiebung in den Zirkel und sucht auf der Kurve $\mathfrak{S}_p$ den Punkt C, der von der Vertikalen durch A um diese Strecke (wagerecht) entfernt liegt. Man findet 855° C. Die zugehörige Raumänderung kann man mittels der Kurve $\mathfrak{S}_v$ finden, wie in der Tafel eingetragen oder aus

$$\frac{v}{v_0} = \frac{p_0}{p} \cdot \frac{T}{T_0}.$$

Auch die Änderungen des Wärmeinhalts und der inneren Energie bei der adiabatischen Ausdehnung, die mit der technischen Arbeitsfähigkeit und der absoluten Gasarbeit identisch sind, gehen aus der Tafel hervor. Es ist

$$\mathfrak{J}_{1580} - \mathfrak{J}_{855} = (A'D) - (C'E) = 302 \text{ kcal/m}^3\ 0^0\ 760$$

und

$$\mathfrak{U}_{1580} - \mathfrak{U}_{855} = (A'D') - (C'E') = 238 \text{ kcal/m}^3\ 0^0\ 760.$$

Auch die adiabatische Verdichtung läßt sich in entsprechender Weise verfolgen, wie das in der Tafel rechts eingetragene Beispiel für Verdichtung auf den zehnten Teil des Anfangsvolumens zeigt[1].

Angaben über die Dissoziationsverhältnisse sind in der Tafel nicht enthalten. Die Werte $\mathfrak{J}$ und $\mathfrak{U}$ stellen die Wärmeaufnahme bei konstantem Druck und konstantem Volumen dar, die den Änderungen des physikalischen Zustands (Druck, Volumen, Temperatur) entsprechen; sie gelten, ob Dissoziation besteht oder nicht besteht. Die durch die Dissoziation, die eine Änderung des chemischen Zustandes

[1] Über die Darstellung des Arbeitsvorgangs der Gasmaschine mittels der Tafel vgl. W. Schüle: a. a. O. oder Technische Thermodynamik Bd. 2, 4. Aufl., S. 322.

ist, bedingte Wärmeaufnahme ist in den Abschnitten 14—16 und 18, 23 behandelt[1].

II. Die Dissoziation von CO_2 und H_2O und ihrer Gemische

auf Grund der ermittelten spezifischen Wärmen und das Wassergasgleichgewicht.

7. Thermodynamische Grundlagen[2].

Der Dissoziationsgrad α ist bei der Dissoziation von CO_2 und H_2O abhängig vom Druck p und der Temperatur T. Die Abhängigkeit vom Druck bei gegebener, fester Temperatur wird dargestellt durch die Gleichung

$$K_p = p \cdot \frac{\alpha^3}{(1-\alpha)^2 (2+\alpha)}$$

(Dissoziations-Isotherme), wobei K_p für eine gegebene Temperatur einen festen Wert hat.

Die Abhängigkeit des Dissoziationsgrades von der Temperatur ergibt sich aus der Beziehung

$$\frac{d \ln K_p}{d T} = \frac{W_p}{1{,}985\, T^2}$$

(van 't Hoffsche Gleichung), durch welche die Abhängigkeit der „Gleichgewichtskonstante" K_p von der Temperatur dargestellt wird.

Wäre nun die Wärmetönung W_p der Reaktionen

$$2CO + O_2 \rightleftarrows 2CO_2$$

und

$$2H_2 + O_2 \rightleftarrows 2H_2O$$

unabhängig von der Höhe der Temperatur, bei der sie erfolgen, so würde sich das Gesetz, nach dem sich die Gleichgewichtskonstante K_p mit der Temperatur ändert, durch Integration der van 't Hoffschen Gleichung mit $W_p = \text{const}$ ergeben. Es wäre

$$\log K_{p_T} = \log K_{p_{T_0}} + \frac{W_p}{1{,}985 \cdot 2{,}303} \cdot \left[\frac{1}{T_0} - \frac{1}{T}\right].$$

In Wirklichkeit ist nun W_p nicht unabhängig von der Reaktionstemperatur, wenn auch die Abweichung von dem bei gewöhnlicher Temperatur (im Kalorimeter) ermittelten Grundwert bei den in Frage kommenden Dissoziationstemperaturen verhältnismäßig nicht groß ist. Die Abhängigkeit der Wärmetönung von der Temperatur ist bedingt durch die Abhängigkeit der spezifischen Wärmen der reagierenden

[1] Das Verhalten der Entropie im Dissoziationsgebiet ist in dem Buche des Verfassers: Technische Thermodynamik Bd. 2, 4. Aufl., 1923, eingehend dargestellt. Dort finden sich auch zwei Entropietafeln für dissoziierende Kohlensäure und dissoziierendes Kohlenstoff-Luft-Feuergas.

[2] Vgl. W. Schüle, Technische Thermodynamik Bd. 2, Abschn. 19—61.

Körper und der Reaktionsprodukte von der Temperatur gemäß der Beziehung

$$\frac{d W_p}{d T} = \sum n C_p ,$$

durch deren Integration folgt

$$W_{p_T} - W_{p_{T_0}} = \int_{T_0}^{T} (\sum n C_p) \cdot d T$$

(Kirchhoffscher Satz).

Darin ist $\sum n C_p$ die algebraische Summe der Wärmeinhalte der reagierenden Stoffe und der Reaktionsprodukte je 1^0 Temperaturänderung, wobei die Wärmeinhalte der ursprünglichen Stoffe positiv, die der Reaktionsprodukte negativ einzuführen sind, und n die Anzahl der an der Reaktion beteiligten Molekülzahlen (Mole) bedeutet. Bei den vorliegenden Reaktionen ist also

$$n_1 = 2 \text{ Mol CO}, \; n_2 = 1 \text{ Mol } O_2, \; n_1' = 2 \text{ Mol } CO_2$$

und

$$n_1 = 2 \text{ Mol } H_2, \; n_2 = 1 \text{ Mol } O_2, \; n_1' = 2 \text{ Mol } H_2O .$$

Daher ist

$$\sum n C_p = 2 C_{p_{CO}} + 1 \cdot C_{p_{O_2}} - 2 \cdot C_{p_{CO_2}}$$

bzw.

$$\sum n C_p = 2 C_{p_{H_2}} + 1 \cdot C_{p_{O_2}} - 2 \cdot C_{p_{H_2O}} .$$

Da nun die Molekularwärmen der einzelnen Stoffe von der Temperatur abhängen, so ist auch $\sum n C_p$ eine Funktion der Temperatur.

8. Dissoziationswärmen der Kohlensäure und des Wasserdampfes.

Für CO_2 gilt bei Temperaturen von 800^0 aufwärts

$$C_{p_{CO_2}} = 9{,}575 + 0{,}00275\, T ,$$

dagegen für die zweiatomigen Gase O_2 und CO (wie für N_2)

$$C_p = 6{,}803 + 0{,}000713\, T$$

und daher

$$2 C_{p_{CO}} + C_{p_{O_2}} = 20{,}409 + 0{,}002139\, T .$$

Daraus folgt

$$\sum n C_p = 1{,}259 - 0{,}003361\, T .$$

Hiermit wird für CO_2 (oberhalb 800^0 C)

$$W_{p_T} - W_{p_{T_1}} = 1{,}259 (T - T_1) - \tfrac{1}{2} \cdot 0{,}003361 (T^2 - T_1^2)$$
$$= (T - T_1) \cdot \left[1{,}259 - 0{,}003361 \frac{T + T_1}{2}\right] ,$$

worin T_1 die Anfangstemperatur ist, also $T_1 \gtreqless 800 + 273 \gtreqless 1073^0$ abs. Wählt man $t_1 = 1000^0$ C, so hat man zunächst für diese Temperatur die

Wärmetönung aus derjenigen bei Zimmertemperatur zu bestimmen. Da diese, für 2 Mol CO,

$$W_{p\,T_0} = 2 \cdot 68000 \text{ kcal}$$

beträgt, so wird

$$\begin{aligned} W_{p\,T_1} &= 2 \cdot 68000 + (3\,C_{p\,m\,2\,\text{atom}} - 2\,C_{p_{m\,CO_2}})\,(1000 - 17) \\ &= 2 \cdot 68000 + (3 \cdot 7{,}25 - 2 \cdot 11{,}33)\,(1000 - 17) \\ &= 2 \cdot 68000 - 910 = 135090 \text{ kcal/2 Mol.} \end{aligned}$$

Damit wird nun für Temperaturen oberhalb 1000° C

$$W_p = 135090 + (T - 1273)\left[1{,}259 - 0{,}003361\,\frac{T + 1273}{2}\right].$$

Hiermit sind die in Abb. 19 als Ordinaten zu den Temperaturen als Abszissen aufgetragenen Werte der Dissoziationswärmen berechnet.

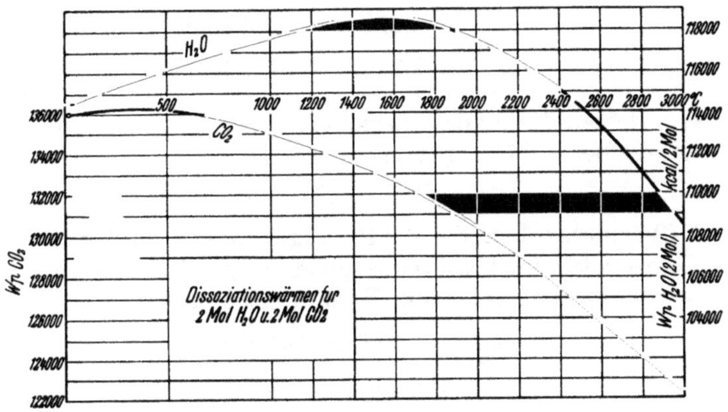

Abb. 19.

Sie gelten also für 2 Mol CO_2. Die Dissoziationswärmen für die Menge von 1 m³ 0° 760 CO_2 sind 2 · 22,4 mal kleiner und in der Zahlentafel 9 eingetragen, die auch die Dissoziationswärmen für 1 Mol CO_2 enthält.

Zahlentafel 9. Dissoziationswärmen von CO_2 und H_2O.

t^0 C	1 Mol CO_2	1 m³ 0° 760 CO_2	1 Mol H_2O	1 m³ 0° 760 H_2O
18	68000	3035	57290	2560
1000	67545	3018	—	—
1200	67209	3000	59100	2640
1400	66807	2980	59293	2645
1600	66318	2960	59306	2645
1800	65801	2940	59139	2640
2000	65195	2910	58771	2622
2200	64520	2880	58225	2597
2400	63795	2847	57570	2573
2600	62995	2815	56600	2530
2800	62120	2777	55528	2480
3000	61185	2732	54235	2420

Für H_2O ist zunächst zu bemerken, daß als Wärmetönung diejenige für das gasförmige Reaktionsprodukt, die dem unteren Heizwert entspricht, in Frage kommt. Als solcher wurde 57290 kcal/Mol für Zimmertemperatur angenommen. Daraus folgt mit

$$C_{p_{m H_2}} = 7{,}12,\quad C_{p_{m O_2}} = 7{,}30,\quad C_{p_{m H_2O}} = 9{,}24 \text{ kcal/Mol}$$

bei 1200° für 2 Mol H_2O

$$W_{p_1} = 2 \cdot 57290 + (1200-18) \cdot [2 \cdot 7{,}12 + 7{,}30 - 2 \cdot 9{,}24] = 114580 + 3620 = 118200 \text{ kcal/2 Mol},$$

somit für 1 m³ 0° 760 H_2O

$$\mathfrak{W}_{p_1} = \frac{118200}{2 \cdot 22{,}4} = 2640 \text{ kcal/m}^3\ 0^0\ 760 .$$

Für Temperaturen oberhalb 1200°, also im eigentlichen Dissoziationsgebiet des Wasserdampfes, wird mit

$$C_{p_{O_2}} = 6{,}803 + 0{,}000713\, T$$
$$2\, C_{p_{H_2O}} = 3{,}826 + 0{,}011334\, T .$$

Für H_2, dessen Molekularwärme von der des Stickstoffs etwas abweicht, wurde bei 16° C der Wert

$$C_p = 6{,}871$$

nach den Wärmetabellen der PTR. angenommen und das Wachstum mit der Temperatur im Explosionsgebiet so groß, wie oben für N_2 ermittelt wurde. Damit folgt im Explosionsgebiet

$$C_{p_{H_2}} = 6{,}871 + 0{,}000713\, t$$

oder

$$C_{p_{H_2}} = 6{,}726 + 0{,}000713\, T .$$

Mit diesen Werten ergibt sich für den Wasserdampf oberhalb 1200°

$$\sum n C_p = 16{,}429 - 0{,}009195\, T$$

und daher die Dissoziationswärme für 2 Mol H_2O

$$W_p = 118200 + 16{,}429 (T - 1473) - \tfrac{1}{2} \cdot 0{,}009195\, (T^2 - 1473^2)$$
$$= 103970 + 16{,}429\, T - 0{,}004597\, T^2 .$$

Damit ergeben sich die in der Zahlentafel zusammengestellten Dissoziationswärmen für 1 Mol und 1 m³ 0° 760 H_2O. In Abb. 19 sind als Ordinaten zu den Temperaturen als Abszissen die Werte W_p (für 2 Mol H_2O) aufgetragen.

9. Die Gleichgewichtskonstanten und Dissoziationsgrade.

a) Kohlensäure. Die Integration der van 't Hoffschen Gleichung ergibt

$$\log K_{p_T} = \log K_{p_{T_1}} + \frac{1}{4{,}571} \cdot \int_{T_1}^{T} \frac{W_p}{T^2}\, dT .$$

Mit der obigen Beziehung für W_p folgt

$$\log K_{p_T} = \log K_{p_{T_1}} + 21{,}908 - \frac{29\,800}{T} + 0{,}634 \log T - 0{,}000367\, T$$

für $T_1 = 1273$, $t_1 = 1000^0\,\mathrm{C}$.

Um nun den Zahlenwert von K_p für eine beliebige Temperatur T bestimmen zu können, muß für irgendeine Temperatur (oberhalb 800⁰) der Wert von K_p bekannt sein[1].

Nun läßt sich K_p ermitteln, wenn der Dissoziationsgrad α bekannt ist, wie aus der Beziehung

$$\log K_p = \log p + \log \frac{\alpha^3}{(1-\alpha)^2 (2+\alpha)}$$

hervorgeht.

Trägt man also die Werte von $\log K_p$ nach der letzteren Beziehung als Ordinaten zu α als Abszissen auf, für $p = 1$, $\log p = 0$, somit die Werte

$$\log \frac{\alpha^3}{(1-\alpha)^2 (2+\alpha)},$$

so erhält man ein Bild nach Abb. 20 links, aus welchem die in Betracht kommenden Werte von $\log K_p$ für das ganze Dissoziationsgebiet hervorgehen, jedoch ohne Beziehung zur Temperatur. (Kurven $b = 0$ für unverdünnte CO_2 oder H_2O.)

Andererseits ergibt die vorletzte Gleichung die Werte von $\log K_p$ in Abhängigkeit von der Temperatur und man hat nun die Konstante $\log K_{p\,T_1}$ in dieser Gleichung so zu wählen, daß die aus ihr berechenbaren Werte von K_p eine Wertereihe von α ergeben, die sich den gemessenen Werten möglichst genau anschließt. Nimmt man für $T = 1400^0$ abs. und 1 at den Messungswert $100\,\alpha = 0{,}015$, so erhält man für diese Temperatur $\log K_p = -11{,}75$ und damit

$$\log K_p = 8{,}048 - \frac{29\,800}{T} + 0{,}634 \log T - 0{,}000367\, T.$$

Damit ergeben sich die in der Zahlentafel 11 enthaltenen Wertereihen für $\log K_p$ und für $100\,\alpha$. Die Werte von $100\,\alpha$ sind mit Hilfe der in Abb. 20 rechts gleichfalls aufgetragenen Kurve der $\log K_p$ (nach der der letzten Beziehung) ermittelt, indem für eine beliebige Temperatur (z. B. 2000⁰ abs.) das zugehörige $\log K_p$ (Punkt A) bestimmt und der Punkt B mit der gleichen Ordinate auf der Kurve links gesucht wurde. Dessen Abszisse ist der gesuchte Dissoziationsgrad ($100\,\alpha = 1{,}80\,\%$).

In Abb. 21 sind nun die so ermittelten Dissoziationsgrade als Ordinaten zu den Temperaturen als Abszissen aufgetragen. Bei den Temperaturen bis 1800⁰ abs. decken sie sich nahe mit den gemessenen Werten, die in Zahlentafel 10 zusammengestellt sind[2].

---

[1] Diese Notwendigkeit entfällt, wenn man das Nernstsche Wärmetheorem (3. Wärmesatz) anwendet, wie dies in des Verfassers: Technische Thermodynamik Bd 2 durchgeführt ist. Hier empfiehlt sich mehr das obige Verfahren.

[2] Nach Lewis u. Randall: J. amer. chem. Soc. Bd 37, S. 458.

Zahlentafel 10.

T	$100\,\alpha$	Beobachter
1300	0,00419	Nernst und v. Wartenberg[1]
1395	0,0142	Langmuir
1400	0,015	Nernst und v. Wartenberg
1443	0,025	Langen
1478	0,032 (0,029)[a]	Nernst und v. Wartenberg
1481	0,028	Langen
1498	0,047	Langen
1565	0,064	Langen
1823	0,4	Löwenstein

Zahlentafel 11. Gleichgewichtskonstanten und Dissoziationsgrade der Kohlensäure.

T	$\log K_{pCO_2}$	$100\,\alpha$ (CO_2)		T	$\log K_{pCO_2}$	$100\,\alpha$ (CO_2)	
		$p = 1$ at	$p = 0{,}21$ at			$p = 1$ at	$p = 0{,}21$ at
1400	—11,75	0,015	0,042	2400	—3,090	10,7	27,0
1500	—10,35	0,044	0,072	2500	—2,630	15,3	36,0
1600	— 9,12	0,113	0,310	2600	—2,200	20,8	45,0
1700	— 8,05	0,255	0,700	2700	—1,780	27,5	53,5
1800	— 7,10	0,540	1,480	2800	—1,440	34,0	63,0
1900	— 6,28	1,010	3,000	2900	—1,090	41,5	71,0
2000	— 5,49	1,800	5,100	3000	—0,783	48,5	80,0
2100	— 4,81	3,000	8,500	3100	—0,480	55,5	—
2200	— 4,18	4,800	13,000	3200	—0,209	61,3	—
2300	— 3,61	7,400	19,000	3300	+0,048	67,0	—

In Abb. 21 sind diese Werte (links) in größerem Maßstab eingetragen. — Bei den höheren Temperaturen sind die von Bjerrum aus seinen Explosionsversuchen gewonnenen Dissoziationswerte eingetragen, deren Kurve von der hier berechneten etwas nach oben abweicht.

b) Wasserdampf. Mit der obigen Gleichung für W_p folgt in der integrierten van 't Hoffschen Gleichung

$$\log K_{p_T} = \log K_{p_{T_1}} + \frac{1}{4{,}571}\cdot\int\limits_{T_1}^{T}\left(\frac{103970}{T^2} + \frac{16{,}429}{T} - 0{,}0045975\right)\cdot dT$$

$$= \log K_{p_{T_1}} + \frac{1}{4{,}571}\cdot\left[-103970\left(\frac{1}{T} - \frac{1}{T_1}\right) + 16{,}429\cdot 2{,}303\cdot\right.$$

$$\left.\cdot\log\frac{T}{T_1} - 0{,}0045975\,(T - T_1)\right].$$

Mit $T_1 = 1473$ ($t_1 = 1200^0$) folgt hieraus

$$\log K_{p_T} = \log K_{p_{T_1}} - 9{,}311 - \frac{22746}{T} + 8{,}28\log T - 0{,}001\,T.$$

Setzt man hierin auf Grund der Versuchswerte bei 1200^0 C ($100\,\alpha = 0{,}018$—$0{,}019$) $\log K_{p_{T_1}} = -11{,}689$, so erhält man, gültig von 1200^0 C aufwärts,

$$\mathbf{\log K_p = -21 - \frac{22746}{T} + 8{,}28\log T - 0{,}001\,T.}$$

[1] Nach Pollitzer: Die Berechnung chemischer Affinitäten nach dem Nernstschen Wärmetheorem.

Hiernach können die Dissoziationsgrade für Temperaturen über 1200° (bis 3000° C) in der gleichen Weise ermittelt werden, wie oben für CO_2, indem in Abb. 20 rechts die nach dieser Gleichung berechneten Werte von log K_p eingetragen werden. In der Zahlentafel 12 sind die

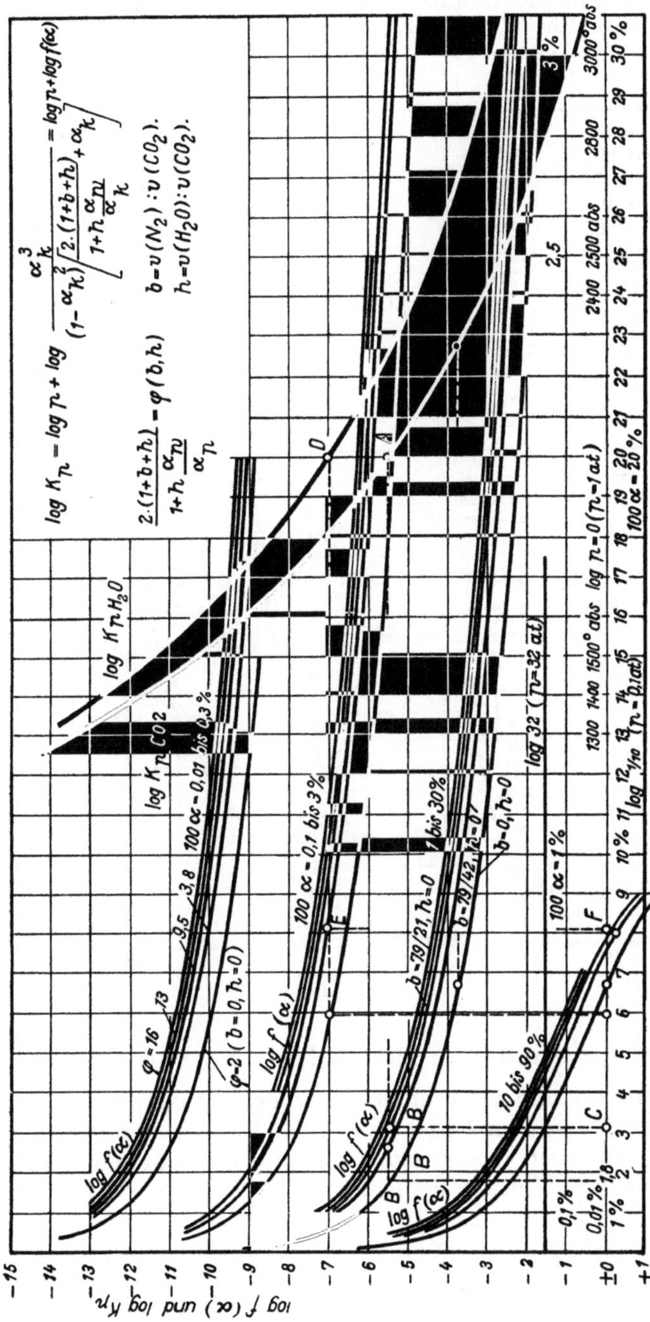

Abb. 20.

so ermittelten Dissoziationsgrade (für 1 at) enthalten und außerdem die gemessenen Werte[1].

Zahlentafel 12.

Beobachtete und berechnete Dissoziationsgrade des Wasserdampfs.

T	$100\,\alpha$ beobachtet	$100\,\alpha$ berechnet	
1397	0,0078	0,007	
1480	0,0189	0,016	
1500	0,0197	0,020	
1561	0,0340	0,035	
1705	0,1020	0,102	
2155	1,18	1,150	
2257	1,77	1,770	
2337	2,80	2,40	Explosionsversuche
2505	4,50	4,10	,,
2684	6,20	6,30	,,
2731	8,20	7,90	,,
3092	13,00	16,80	,,

Bei den Temperaturen bis 2257° abs. decken sich die berechneten Werte fast vollkommen mit den Versuchswerten, wie auch Abb. 21 (links) zeigt. Die nach der Explosionsmethode ermittelten Werte bei den höheren Temperaturen zeigen etwas größere Abweichungen. In Abb. 21 ist auch die von Siegel berechnete Kurve eingetragen.

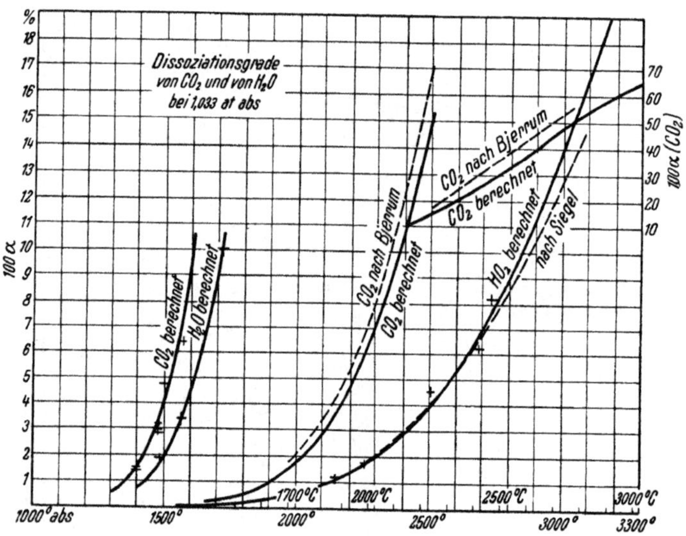

Abb. 21.

10. Dissoziation von Gemischen aus CO_2 und H_2O[2].

Das Gemisch enthalte im nicht dissoziierten Zustand auf je 1 m³ CO_2 h m³ H_2O und habe den Druck p at abs. Bei der Temperatur T seien α_k Gewichtsteile der Kohlensäure und α_w Gewichtsteile des Wasserdampfes dissoziiert. Von der Menge von 1 m³ 0° 760 der CO_2 sind in diesem

[1] Nach Siegel: a. a. O. — Nernst: Grundlagen des neuen Wärmesatzes.

[2] Die Gleichungen dieses Abschnitts sind schon im Jahre 1923 vom Verfasser entwickelt worden.

Zustand noch $(1 - \alpha_k)$ m^3 CO_2 übrig, während α_k m^3 CO und $\frac{1}{2}\alpha_k$ m^3 O_2 Dissoziationsprodukte entstanden sind. Ferner sind von den h m^3 H_2O noch $h(1 - \alpha_w)$ m^3 H_2O vorhanden, während $h \cdot \alpha_w$ m^3 H_2 und $\frac{1}{2}\,h\alpha_w$ m^3 O_2 Dissoziationsprodukte im Gemisch enthalten sind (Abb. 22). Aus ursprünglich $1 + h$ m^3 Gemisch sind also durch die Dissoziation eines Teiles der CO_2 und des H_2O $1 - \alpha_k + \alpha_k + \frac{1}{2}\alpha_k + h\,(1 - \alpha_w) + h \cdot \alpha_w + \frac{1}{2}\,h \cdot \alpha_w = 1 + h + \frac{1}{2}\,(\alpha_k + h \cdot \alpha_w)$ m^3 geworden.

Setzt man zur Abkürzung

$$\alpha_k + h \cdot \alpha_w = \alpha', \tag{1}$$

so sind die einzelnen Bestandteile in dem dissoziierenden Gemisch in den folgenden räumlichen Bruchteilen enthalten, die gleichzeitig die verhältnismäßigen Teildrücke darstellen.

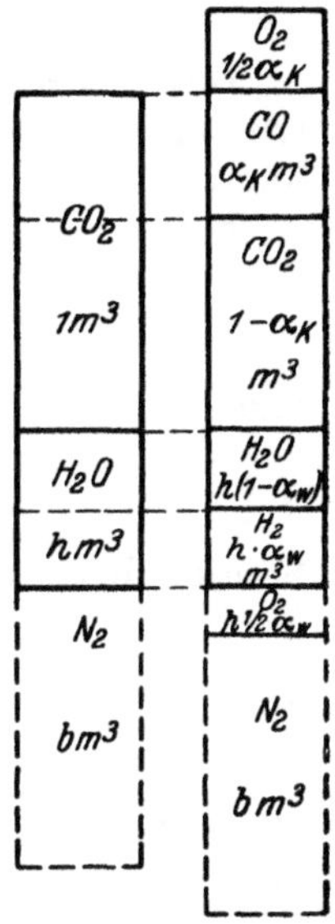

Abb. 22.

$$\mathfrak{v}(CO_2) = \frac{p_{CO_2}}{p} = \frac{1 - \alpha_k}{1 + h + \frac{1}{2}\alpha'}, \tag{2a}$$

$$\mathfrak{v}(H_2O) = \frac{p_{H_2O}}{p} = \frac{h\,(1 - \alpha_w)}{1 + h + \frac{1}{2}\alpha'}, \tag{2b}$$

$$\mathfrak{v}(CO) = \frac{p_{CO}}{p} = \frac{\alpha_k}{1 + h + \frac{1}{2}\alpha'}, \tag{2c}$$

$$\mathfrak{v}(H_2) = \frac{p_{H_2}}{p} = \frac{h \cdot \alpha_w}{1 + h + \frac{1}{2}\alpha'}, \tag{2d}$$

$$\mathfrak{v}(O_2) = \frac{p_{O_2}}{p} = \frac{1}{2}\,\frac{\alpha_k + h \cdot \alpha_w}{1 + h + \frac{1}{2}\alpha'} = \frac{1}{2} \cdot \frac{\alpha'}{1 + h + \frac{1}{2}\alpha'}. \tag{2e}$$

Soll in dem dissoziierenden Gemisch das chemische Gleichgewicht bestehen, so muß sowohl zwischen CO_2 und seinen Dissoziationsprodukten als auch zwischen H_2O und seinen Dissoziationsprodukten Gleichgewicht herrschen. Bei der Aufstellung der Gleichgewichtsbedingung für das Gemisch müssen sowohl die Teildrucke als die Mengen der reagierenden Stoffe berücksichtigt werden. Werden die Reaktionsgleichungen in der Form

$$2\,CO + O_2 \rightleftarrows 2\,CO_2$$

und

$$h \cdot 2\,H_2 + h \cdot O_2 \rightleftarrows h \cdot 2\,H_2O$$

geschrieben, so kann man die Gesamtreaktion in der Form schreiben

$$2\,CO + O_2 + h \cdot 2\,H_2 + h \cdot O_2 = 2\,CO_2 + h \cdot 2\,H_2O,$$

entsprechend der allgemeinen Form

$$n_1 \cdot CO + n_2 \cdot O_2 + n_3 \cdot H_2 + n_4 \cdot O_2 = n_1' \cdot CO_2 + n_2' \cdot H_2O,$$

wobei

$$n_1 = 2 \quad n_2 = 1 \quad n_3 = 2h \quad n_4 = h \quad n_1' = 2 \quad n_2' = 2h \quad \text{ist.}$$

Nach dem Massenwirkungsgesetz gilt dann die Gleichgewichtsbedingung

$$\frac{p_1^{n_1} \cdot p_2^{n_2} \cdot p_3^{n_3} \cdot p_4^{n_4}}{p_1'^{n_1'} \cdot p_2'^{n_2'}} = K_p,$$

worin K_p nur von der Temperatur T abhängt[1]. Daraus folgt nun

$$\frac{p_{CO}^2 \cdot p_{O_2} \cdot p_{H_2}^{2h} \cdot p_{O_2}^h}{p_{CO_2}^2 \cdot p_{H_2O}^{2h}} = K_p \tag{3}$$

Diese Gleichgewichtskonstante des Gemisches kann nun aus den Gleichgewichtskonstanten $K_{p_{CO_2}}$ und $K_{p_{H_2O}}$ hergeleitet werden, wie folgt.

Es ist

$$K_{p_{CO_2}} = \frac{p_{CO}^2 \cdot p_{O_2}}{p_{CO_2}^2} \tag{4}$$

und

$$K_{p_{H_2O}} = \frac{p_{H_2}^2 \cdot p_{O_2}}{p_{H_2O}^2}. \tag{5}$$

Somit gilt für das Gemisch

$$K_p = K_{p_{CO_2}} \cdot \left(K_{p_{H_2O}}\right)^h \tag{6}$$

oder

$$\log K_p = \log K_{p_{CO_2}} + h \cdot \log K_{p_{H_2O}}. \tag{6a}$$

Mit Hilfe der weiter oben ermittelten Funktionen für $K_{p_{CO_2}}$ und $K_{p_{H_2O}}$ kann man hiernach die Gleichgewichtskonstante eines beliebigen Gemisches von CO_2 und H_2O herleiten. Auch auf graphischem Wege ist dies leicht möglich, wenn die Kurven für $K_{p_{CO_2}}$ und $K_{p_{H_2O}}$ vorliegen (Abb. 20).

Durch Division von Gl. 4 und 5 folgt weiter

$$\frac{p_{CO} \cdot p_{H_2O}}{p_{CO_2} \cdot p_{H_2}} = \sqrt{\frac{K_{p_{CO_2}}}{K_{p_{H_2O}}}}. \tag{7}$$

Der Ausdruck links in dieser Gleichung ist nun die Gleichgewichtskonstante der **Wassergasreaktion**,

$$K_{p_w} = \frac{p_{CO} \cdot p_{H_2O}}{p_{CO_2} \cdot p_{H_2}}. \tag{8}$$

Im dissoziierenden Feuergasgemisch müssen also die Bestandteile CO_2, H_2O, CO und H_2 nicht nur mit dem Sauerstoff, sondern auch untereinander im Gleichgewicht sein, entsprechend der Wassergasreaktion

$$CO + H_2O = CO_2 + H_2.$$

Nach Gl. 7 und 8 läßt sich die Gleichgewichtskonstante dieser Reaktion aus den Gleichgewichtskonstanten von H_2O und CO_2 herleiten. Es ist

$$K_{p_w} = \sqrt{\frac{K_{p_{CO_2}}}{K_{p_{H_2O}}}} \tag{9}$$

oder

$$\log K_{p_w} = \tfrac{1}{2}\left(\log K_{p_{CO_2}} - \log K_{p_{H_2O}}\right). \tag{10}$$

[1] Vgl. z. B. Schüle: Technische Thermodynamik Bd 2.

Aus Gl. 7 folgt nun weiter mit Gl. 9 und den Gl. 2a, b, c, d

$$\frac{\alpha_k \cdot (1 - \alpha_w)}{(1 - \alpha_k) \cdot \alpha_w} = K_{p_w} \tag{11}$$

oder

$$\frac{\frac{1}{\alpha_w} - 1}{\frac{1}{\alpha_k} - 1} = K_{p_w}.$$

Daraus geht hervor, daß die Dissoziationsgrade α_w und α_k in dem Gemisch aus CO_2 und H_2O in einer gegenseitigen Abhängigkeit stehen, die für eine bestimmte Temperatur durch den Wert von K_{p_w} bestimmt wird.

Für kleine Werte von α_k und α_w, für die $\frac{1}{\alpha_w}$ und $\frac{1}{\alpha_k}$ groß sind gegen 1, wird angenähert

$$\frac{\alpha_k}{\alpha_w} = K_{p_w}. \tag{12a}$$

Genau ist

$$\frac{\alpha_k}{\alpha_w} = K_{p_w} - \alpha_k \cdot (K_{p_w} - 1). \tag{12b}$$

oder

$$\frac{\alpha_k}{\alpha_w} = \alpha_k + (1 - \alpha_k) \cdot K_{p_w}. \tag{12c}$$

Zur Ermittlung von α_k kann Gl. 4 benützt werden, aus der mit Gl. 2a, c und e folgt

$$K_{p_{CO_2}} = p \cdot \frac{\alpha_k^2 \cdot \alpha'}{(1 - \alpha_k)^2 \cdot [2(1 + h) + \alpha']} \tag{13}$$

Diese Gleichung tritt bei Gegenwart von Wasserdampf im Gemisch an die Stelle derjenigen für reine CO_2, die aus ihr hervorgeht, wenn man $h = 0$, $\alpha' = \alpha_k$ setzt.

Nun läßt sich aber aus Gl. 13 α_k noch nicht ermitteln, weil in α' noch α_w, die zweite Unbekannte, enthalten ist. Man erhält jedoch mit Gl. 12

aus
$$\alpha' = \alpha_k + h \cdot \alpha_w$$

$$\alpha' = \alpha_k + \frac{h \cdot \alpha_k}{\alpha_k + (1 - \alpha_k) \cdot K_{p_w}}, \tag{14}$$

und damit aus Gl. 13

$$K_{p_{CO_2}} = p \frac{\alpha_k^3 \left(1 + \frac{h}{\alpha_k + (1 - \alpha_k) \cdot K_{p_w}}\right)}{(1 - \alpha_k)^2 \cdot \left[2 \cdot (1 + h) + \alpha_k \cdot \left(1 + \frac{h}{\alpha_k + (1 - \alpha_k) \cdot K_{p_w}}\right)\right]} \tag{15}$$

Daraus folgt wieder die einfache Gleichung für reine CO_2, wenn man $h = 0$ setzt. Etwas übersichtlicher wird Gl. 15, wenn man für den Ausdruck

$$\alpha_k + (1 - \alpha_k) \cdot K_{p_w}$$

nach Gl. 12c das Verhältnis $\frac{\alpha_k}{\alpha_w}$ einführt. Es wird dann

$$K_{p_{CO_2}} = p \cdot \frac{\alpha_k^3 \cdot \left(1 + h \cdot \frac{\alpha_w}{\alpha_k}\right)}{(1-\alpha_k)^2 \cdot \left[2(1+h) + \alpha_k \cdot \left(1 + h \cdot \frac{\alpha_w}{\alpha_k}\right)\right]} \tag{15a}$$

Noch einfacher schreibt sich diese Gleichung in der Form

$$K_{p_{CO_2}} = p \cdot \frac{\alpha_k^3}{(1-\alpha_k)^2 \cdot \left[\frac{2(1+h)}{1 + h \cdot \frac{\alpha_w}{\alpha_k}} + \alpha_k\right]}. \tag{15b}$$

Um nun den zu einer bestimmten Temperatur beim Druck p gehörigen Wert von α_k aus Gl. 15 (bzw. 15a oder 15b) zu ermitteln, hat man diese Gleichung nach α_k aufzulösen, was nur zahlenmäßig durch Näherung möglich ist.

Dabei geht man zweckmäßig in folgender Weise vor. Zunächst ermittelt man einen Näherungswert von $\frac{\alpha_w}{\alpha_k}$ nach Gl. 12a. Die dazu erforderlichen Werte von K_{p_w} werden weiter unten bestimmt. Damit ergibt sich ein Näherungswert für den Ausdruck

$$\frac{2 \cdot (1+h)}{1 + h \frac{\alpha_w}{\alpha_k}} = \varphi(h) \tag{16}$$

im Nenner von Gl. 15b. Mit diesem Näherungswert zeichnet man, ähnlich wie früher bei der Dissoziation der reinen CO_2, die logarithmische Kurve der Funktion

$$f(\alpha) = \frac{\alpha_k^3}{(1-\alpha_k)^2 \cdot [\varphi(h) + \alpha_k]} \tag{17}$$

auf, mit α_k als Abszissen. In Abb. 20 sind verschiedene derartige Kurven aufgetragen, für Werte $h > 0$. Mit Hilfe dieser Kurve ermittelt man dann, in gleicher Weise wie früher, angenäherte Werte von α_k, indem man von dem Punkt A der Kurve $\log K_{p_{CO_2}}$ in Abb. 20 rechts wagrecht nach der links gezeichneten Kurve $\log f(\alpha)$ hinübergeht, wobei sich ein Punkt B ergibt, dessen Abszisse den gesuchten Näherungswert von α_k darstellt (Punkt C). Mit diesem Wert von α_k bestimmt man weiter einen genaueren Näherungswert von $\frac{\alpha_k}{\alpha_w}$ aus Gl. 12b und damit einen genaueren Wert von $\varphi(h)$ nach Gl. 16 und eine genauere Kurve der Werte $f(\alpha)$ nach Gl. 17. Aus dieser Kurve erhält man dann einen verbesserten Wert von α_k. Der Wert von α_w folgt dann aus Gl. 12b.

In der Ausführung ist dieses Verfahren einfacher und rascher, als es nach der Beschreibung scheint, sobald einmal eine Reihe von Kurven $f(\alpha)$ für verschiedene Werte von $\varphi(h)$ vorliegt, wie es in Abb. 20 der Fall ist.

Beispiele enthält der III. Teil.

11. Mit Stickstoff verdünnte Gemische von CO_2 und H_2O.

Das Gemisch enthalte auf 1 m³ CO_2 und h m³ H_2O noch b m³ N_2 (Abb. 22). Die Gleichgewichtsbedingungen im dissoziierenden Zustand sind die gleichen wie beim nichtverdünnten Gemisch ($b = 0$), jedoch sind die Teildrücke von CO_2 und H_2O kleiner, wodurch sich bei gleicher Temperatur und gleichem Gesamtdruck die Dissoziationsgrade α_k und α_w erhöhen.

Das Volumen im Dissoziationszustand ist jetzt

$$1 + h + b + \tfrac{1}{2}(\alpha_k + h\alpha_w) = 1 + h + b + \tfrac{1}{2}\alpha'$$

mit

$$\alpha' = \alpha_k + h \cdot \alpha_w .$$

Die Teildrücke gehen aus den Gleichungen 2a bis e hervor, wenn man die Nenner um b vergrößert, und der Teildruck des Stickstoffs wird

$$\frac{p_{N_2}}{p} = \frac{b}{1 + h + b + \tfrac{1}{2}\alpha'} .$$

Mit zunehmender Dissoziation nimmt dieser Teildruck also ab.

Die Gl. 11, 12, 14 bleiben unverändert, während an die Stelle von Gl. 15b die folgende Gleichung tritt:

$$K_{p_{CO_2}} = p \cdot \frac{\alpha_k^3}{(1 - \alpha_k)^2 \cdot \left[\dfrac{2(1 + h + b)}{1 + h \cdot \dfrac{\alpha_w}{\alpha_k}} + \alpha_k\right]} . \tag{18}$$

Zur Ermittlung von α für eine gegebene Temperatur kann man ebenso vorgehen wie beim unverdünnten Gemisch, indem man zunächst einen Näherungswert der Funktion

$$\frac{2 \cdot (1 + h + b)}{1 + h \cdot \dfrac{\alpha_w}{\alpha_k}} = \varphi(h, b) \tag{19}$$

bestimmt und damit nach Abb. 20 einen Näherungswert von α_k usw., wie oben.

12. Ermittlung der Gleichgewichtsfunktion K_{p_w} des Wassergasgleichgewichts aus $K_{p_{CO_2}}$ und $K_{p_{H_2O}}$.

Weiter oben ergab sich

$$\log K_{p_{CO_2}} = 8{,}048 - \frac{29\,800}{T} + 0{,}634 \log T - 0{,}000367\, T$$

und

$$\log K_{p_{H_2O}} = -21 - \frac{22\,746}{T} + 8{,}28 \log T - 0{,}001\, T ,$$

gültig von etwa 1000° C aufwärts.

Nun ist nach Gl. 10

$$\log K_{p_w} = \tfrac{1}{2}\left(\log K_{p_{CO_2}} - \log K_{p_{H_2O}}\right).$$

Mit den obigen Funktionen ergibt dies

$$\log K_{p_w} = 14{,}524 - \frac{3527}{T} - 3{,}823 \log T + 0{,}000315\, T\,. \tag{20}$$

Daraus ergibt sich für

$T =$	1200	1400	1600	1700	1800	2000	2200	2500	3000° abs
$\log K_{p_w} =$	+0,16	+0,365	+0,57	+0,634	+0,68	+0,77	+0,82	+0,90	+0,989
$K_{p_w} =$	1,45	2,32	3,72	4,31	4,79	5,89	6,61	7,94	9,75

Diese Werte sind in Abb. 23 als Ordinaten zu den absoluten Temperaturen als Abszissen aufgetragen. In die gleiche Abbildung sind auch Versuchswerte von Harries, Haber und Hahn eingetragen[1].

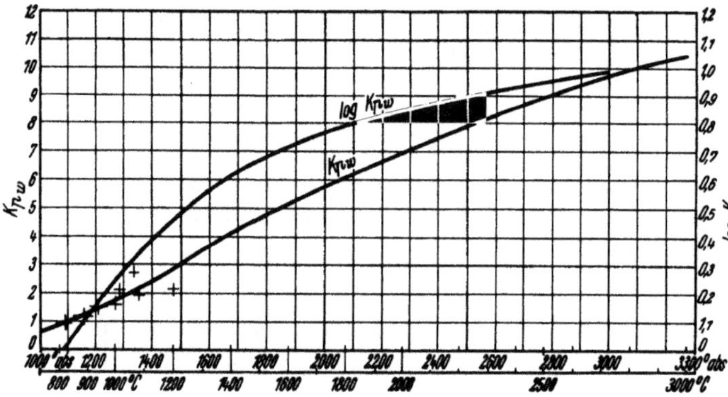

Abb. 23.

III. Wärmeaufnahme der Feuergase bei konstantem Druck und konstantem Volumen im Dissoziationsgebiet und die maximalen Verbrennungstemperaturen.

13. Berechnungsgrundlagen für konstanten Druck.

Die bei konstantem Druck p einem dissoziierenden Gase zugeführte sehr kleine Wärmemenge dQ_p hat drei Wirkungen: 1. die Erhöhung der inneren (physikalischen) Energie dU, die sich als Temperatursteigerung dT zeigt; 2. die räumliche Ausdehnungsarbeit pdv; 3. die Erhöhung des Dissoziationsgrads α um $d\alpha$, die bei der Dissoziationswärme W_p einen Wärmeaufwand $dQ_{\text{diss}} = W_p\, d\alpha$ verlangt. Nach dem Energiegesetz gilt daher

$$dQ_p = dU + A\,p\,dv + W_p\, d\alpha\,. \tag{1}$$

[1] Ausführliche Erörterungen über das Wassergasgleichgewicht und seine experimentelle Bestimmung sind enthalten in Haber: Thermodynamik technischer Gasreaktionen, 1904, unter Verwertung der damals bekannten spezifischen Wärmen von CO_2 und H_2O.

Wegen

$$dI = dU + Ad\,(pv) = dU + A\,(pdv + vdp)$$

und mit

$$dp = 0, \quad dI = dU + Apdv$$

ist auch

$$dQ_p = dI + W_p \cdot d\alpha. \tag{1a}$$

Die Wärmeaufnahme bei einer unbeschränkt kleinen Temperatursteigerung unter konstantem Druck ist gleich der Zunahme des physikalischen Wärmeinhalts bei konstantem Druck, vermehrt um die Dissoziationswärme.

Dabei ist zu beachten, daß sich mit wachsender Dissoziation der räumliche Anteil der Dissoziationsprodukte im Gemisch erhöht, wodurch sich auch die spez. Wärme des Gemisches verändert. Bei der Änderung des Wärmeinhalts dI ist zwar stets die ganze Masse beteiligt, weil auch die Dissoziationsprodukte um dT erwärmt werden, aber für jede Temperatur hat die spez. Wärme des Gemisches einen anderen, der veränderten Zusammensetzung entsprechenden, Wert. Desgleichen ist auch W_p keine unveränderliche Größe, sondern, wie in Abschnitt 7 ausgeführt, von der Temperatur abhängig.

Für eine endliche Wärmezufuhr wird daher aus Gl. 1a

$$Q_{p_2} - Q_{p_1} = I_2 - I_1 + \int_{T_1}^{T_2} W_p\, d\alpha. \tag{2}$$

Denkt man sich W_p als Funktion von α aufgetragen, so kann man

$$\int_{T_1}^{T_2} W_p\, d\alpha = W_{p\,m} \cdot (\alpha_2 - \alpha_1)$$

setzen.

Im folgenden wird eine Reihe von technisch wichtigen Fällen zahlenmäßig behandelt, und zwar

a) die reine Kohlensäure (Feuergas aus C oder CO mit reinem Sauerstoff);

b) Gemisch aus 21 Raumteilen CO_2 und 79 Raumteilen N_2 (Feuergas aus Kohlenstoff oder Luftgeneratorgas mit der theoretischen Luftmenge);

c) Gemisch aus 34,7 Raumteilen CO_2 und 65,2 Raumteilen N_2 (Feuergas aus CO mit der theoretischen Luftmenge);

d) reiner Wasserdampf, H_2O (Verbrennungsprodukt von Wasserstoff mit reinem Sauerstoff);

e) Feuergas mit 34,7 Raumteilen H_2O und 65,3 Raumteilen N_2 (Verbrennungsprodukt von H_2 mit der theoretischen Luftmenge);

f) Feuergas aus Methan (CH_4) mit reinem Sauerstoff;

g) Feuergas aus Methan mit der theoretischen Luftmenge;

h) Feuergas mit 14 Raumteilen CO_2, 14 Raumteilen H_2O und 72 Raumteilen N_2 (Verbrennungsprodukt von Öl oder Braunkohlengeneratorgas mit der theoretischen Luftmenge),

1. bei 1 at und 17^0 Anfangstemperatur,
2. bei 32 at und 600^0 Anfangstemperatur.

Dabei wurde folgendes Verfahren eingeschlagen. Das Feuergasgemisch enthalte im nicht dissoziierten Zustand auf je $1\,m^3$ CO_2 $h\,m^3$ H_2 und $b\,m^3$ N_2. Bei der Dissoziation bilden sich aus $1\,m^3$ CO_2 $(1-\alpha_k)\,m^3$ CO_2, $\alpha_k\,m^3$ CO, $\frac{1}{2}\alpha_k\,m^3$ O_2, ferner aus $h\,m^3$ H_2O $h\,(1-\alpha_w)\,m^3$ H_2O, $h\alpha_w\,m^3$ H_2, $\frac{1}{2}h\alpha_w\,m^3$ O_2.

Die Wärmeaufnahme der $1+h+b$ ($m^3\,0^0\,760$) über 0^0 C bis t^0 beträgt

$$(1-\alpha_k)\cdot\mathfrak{J}_{CO_2}+\alpha_k\cdot\mathfrak{J}_{CO}+\tfrac{1}{2}\alpha_k\,\mathfrak{J}_{O_2}+b\cdot\mathfrak{J}_{N_2}+\alpha_k\cdot\mathfrak{W}_{m\,CO_2}$$
$$+\,h\,(1-\alpha_w)\cdot\mathfrak{J}_{H_2O}+h\cdot\alpha_w\cdot\mathfrak{J}_{H_2}+\tfrac{1}{2}h\alpha_w\cdot\mathfrak{J}_{O_2}+h\cdot\alpha_w\cdot\mathfrak{W}_{m\,H_2O}\,.$$

Wird die von der Menge von $1\,m^3\,0^0 760$ des nichtdissoziierten Gemisches im dissoziierenden Zustand aufgenommene Wärme mit Q_p bezeichnet, so ist die von $1+h+b$ (m^3) aufgenommene Wärme

$$Q_p\cdot(1+h+b),$$

und dieser Wert ist gleich der vorstehenden Wärmesumme. Man erhält daher:

$$(1+h+b)\cdot Q_p=\mathfrak{J}_{CO_2}+h\cdot\mathfrak{J}_{H_2O}+b\cdot\mathfrak{J}_{N_2}+\alpha_k\cdot(1{,}5\,\mathfrak{J}_{2\,\text{atom}}-\mathfrak{J}_{CO_2})$$
$$+\,h\cdot\alpha_w\cdot(1{,}5\,\mathfrak{J}_{2\,\text{atom}}-\mathfrak{J}_{H_2O})+\alpha_k\cdot\mathfrak{W}_{m\,CO_2}$$
$$+\,h\cdot\alpha_w\cdot\mathfrak{W}_{m\,H_2O}\,. \tag{3}$$

Die Summe der drei ersten Glieder stellt die Wärmemenge dar, die das Feuergas aufnehmen würde, wenn keine Dissoziation eintreten würde, also auch die wirkliche Wärmemenge im dissoziationsfreien Gebiet. Das zweite und dritte Glied stellen die zusätzlichen (oder abzüglichen) Wärmemengen dar, die infolge der Änderung der Zusammensetzung des Gemisches durch die Dissoziation aufgenommen werden. Die zwei letzten Glieder sind die Dissoziationswärmen.

Dividiert man beide Seiten der Gl. 3 mit $(1+h+b)$, so erhält man mit

$$\frac{1}{1+h+b}=\mathfrak{v}\,(CO_2),\quad \frac{h}{1+h+b}=\mathfrak{v}\,(H_2O),\quad \frac{b}{1+h+b}=\mathfrak{v}\,(N_2),$$

den räumlichen Anteilen von CO_2, H_2O und N_2 im nichtdissoziierten Feuergas,

$$Q_p=\mathfrak{v}\,(CO_2)\cdot\mathfrak{J}_{CO_2}+\mathfrak{v}\,(H_2O)\cdot\mathfrak{J}_{H_2O}+\mathfrak{v}\,(N_2)\cdot\mathfrak{J}_{N_2}+\alpha_k\cdot\mathfrak{v}\,(CO_2)\cdot$$
$$\cdot\,(1{,}5\,\mathfrak{J}_{2\,\text{atom}}-\mathfrak{J}_{CO_2})+\alpha_w\,\mathfrak{v}\,(H_2O)\,(1{,}5\,\mathfrak{J}_{2\,\text{atom}}-\mathfrak{J}_{H_2O})+\alpha_k\cdot\mathfrak{v}\,(CO_2)\cdot$$
$$\cdot\,\mathfrak{W}_{m\,CO_2}+\alpha_w\cdot\mathfrak{v}\,(H_2O)\cdot\mathfrak{W}_{m\,H_2O}\,. \tag{4}$$

Mittels dieser Gleichung kann die Wärmeaufnahme eines beliebig aus CO_2, H_2O und N_2 zusammengesetzten Feuergases von 0^0 an bestimmt werden, da die Werte von $\mathfrak{J}$ für alle drei Stoffe bekannt sind (Zahlentafel I, II und III). Im Dissoziationsgebiet müssen außerdem noch die Dissoziationsgrade α_k und α_w bestimmt werden, wie weiter oben gezeigt wurde. Die Dissoziationswärmen $\mathfrak{W}_{CO_2}$ und $\mathfrak{W}_{H_2O}$ (für $1\,m^3\,0^0 760$ von CO_2 bzw. H_2O) wurden gleichfalls weiter oben ermittelt (Zahlentafel 9 und Abb. 19). Die Mittelwerte $\mathfrak{W}_m$ sind von Fall zu Fall verschieden und müssen jeweils zusammen mit den Dissoziationsgraden ermittelt werden.

14. Durchführung der Berechnung und Ergebnisse.

a) Kohlensäure als Feuergas. In Abb. 24 sind als Abszissen die Temperaturen t^0 C, als Ordinaten nach oben die Wärmemengen, als Ordinaten nach unten die Dissoziationsgrade (in zwei verschiedenen Maßstäben) und als Abszissen nach links die Dissoziationswärmen (für 1 m³ 0° 760) aufgetragen.

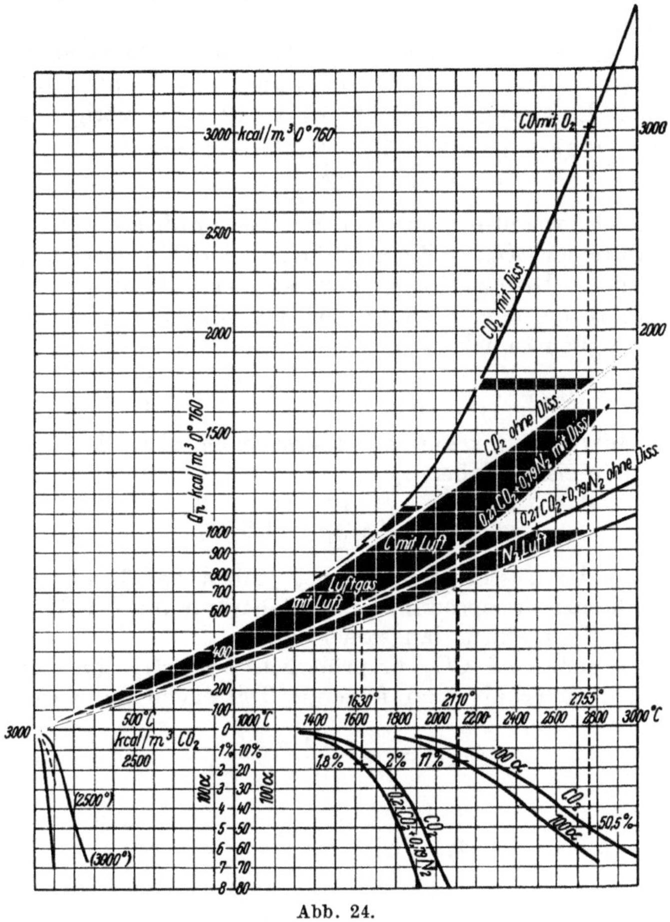

Abb. 24.

Die Kurve $\mathfrak{J}_{CO_2}$ ergibt sich aus Zahlentafel III, ebenso aus Zahlentafel II die Kurve $\mathfrak{J}_{2\,\text{atom}}$ ($= \mathfrak{J}_{N_2}$). Die Dissoziationsgrade α für $p = 1$ at wurden gleichfalls früher ermittelt (Zahlentafel 11 und Abb. 21). Mit Hilfe dieser Kurven und der Werte von $\mathfrak{W}_p$ aus Zahlentafel 9 oder Abb. 19 können schließlich die $\mathfrak{W}$-Kurven (links) eingetragen werden, aus denen sich (graphisch) die jeweiligen Mittelwerte $\mathfrak{W}_m$ ergeben. Aus Gl. 4 folgt nun mit $h = 0$ (kein Wasserdampf) und $b = 0$ (kein inertes Gas)

$$Q_p = \mathfrak{J}_{CO_2} - \alpha_k \cdot (\mathfrak{J}_{CO_2} - 1{,}5\,\mathfrak{J}_{2\,\text{atom}}) + \alpha_k \cdot \mathfrak{W}_{m\,CO_2}.$$

Da alle Größen dieser Gleichung bekannt sind, so lassen sich durch tabellarische Rechnung die Werte von Q_p für beliebige Temperaturen zwischen 0^0 C und t^0 ermitteln. In Abb. 24 sind diese Werte als Ordinaten aufgetragen. Man erkennt, daß die Dissoziation bei einem Druck der Kohlensäure von 1 at erst von etwa 1400^0 C an von praktisch merkbarem Einfluß auf die Wärmeaufnahme der CO_2 wird. Von etwa 1700^0 an wächst der Anteil der Dissoziationswärme rasch; bei 3000^0 C erreicht er rd. 1700 kcal gegen rd. 1900 kcal/m³ Wärmeaufnahme ohne Dissoziation.

b) Feuergas mit 21 Raumteilen CO_2 und 79 Raumteilen N_2. Für dieses Feuergas, das durch Verbrennung von Kohlenstoff mit der theoretischen Luftmenge entsteht, wird aus Gl. 4 vorigen Abschnitts

$$Q_p = 0{,}21\,\mathfrak{J}_{CO_2} + 0{,}79\,\mathfrak{J}_{N_2} - 0{,}21\,\alpha_k\,(\mathfrak{J}_{CO_2} - 1{,}5\,\mathfrak{J}_{2\,\text{atom}}) + 0{,}21\,\alpha_k \cdot \mathfrak{W}_{m_{CO_2}}\,.$$

Bei gleicher Temperatur und gleichem Gesamtdruck von 1 at ist α_k größer als in reiner CO_2, weil der Teildruck der CO_2 im Gemisch kleiner ist. Bei kleinen Dissoziationsgraden ist dieser Teildruck 0,21 at und man könnte α_k aus dem Wert α_{k}, der unverdünnten CO_2 von $p = 1$ at herleiten. Es gilt nämlich dann

$$K_p = 0{,}21 \cdot \frac{\alpha^3}{(1-\alpha)^2\,(2+\alpha)} = 1 \cdot \frac{\alpha_0^3}{(1-\alpha_0)^2\,(2+\alpha_0)}\,.$$

Für kleine Werte von α und α_0 unterscheiden sich die Nenner wenig von 2 und man erhält daher

$$\alpha = \alpha_0 \sqrt[3]{\frac{1}{0{,}21}} = 1{,}68\,\alpha_0\,.$$

Mit zunehmender Dissoziation wächst jedoch der Teildruck der CO_2 und ihrer Dissoziationsprodukte und daher nimmt der Dissoziationsgrad mit der Temperatur langsamer zu.

Entfallen auf 1 m³ CO_2 ursprünglich b m³ N_2, im vorliegenden Falle $b = \frac{79}{21}$, so erhält man folgende Teildrücke im dissoziierenden Gemisch:

$$p_{CO_2} = p \cdot \frac{1-\alpha}{1+b+\frac{\alpha}{2}}\,,$$

$$p_{CO} = p \cdot \frac{\alpha}{1+b+\frac{\alpha}{2}}\,,$$

$$p_{O_2} = p \cdot \frac{0{,}5\,\alpha}{1+b+\frac{\alpha}{2}}\,,$$

$$p_{N_2} = p \cdot \frac{b}{1+b+\frac{\alpha}{2}}\,.$$

Damit folgt aus

$$K_p = \frac{p_{CO} \cdot p_{O_2}^2}{p_{CO_2}^2}$$

$$K_p = p \cdot \frac{\alpha^3}{(1-\alpha)^2 \cdot [2\,(1+b)+\alpha]}\,,$$

oder

$$\log K_p = \log p + \log \frac{\alpha^3}{(1-\alpha)^2 \cdot [2(1+b)+\alpha]} .$$

Hiermit kann man für eine gegebene Temperatur den Wert von α ermitteln, indem man einerseits die Funktion

$$f(\alpha) = \log \frac{\alpha^3}{(1-\alpha)^2 \cdot [2(1+b)+\alpha]}$$

als Ordinaten zu α als Abszissen, und andererseits, wie früher, die Werte $\log K_{p_{CO_2}}$ als Ordinaten zu den Temperaturen als Abszissen aufträgt (Abb. 20). Für $p = 1$, $\log p = 0$ braucht man dann nur wagrecht von A nach dem Punkt B auf der Kurve $f(\alpha)$, für $b = \frac{79}{21}$, herüberzugehen, dessen Abszisse den gesuchten Dissoziationsgrad α liefert (Punkt C).

In dieser Weise sind für die Temperaturen bis 2800° die Dissoziationsgrade ermittelt und in Abb. 24 als Ordinaten nach unten abgetragen worden. Damit er-

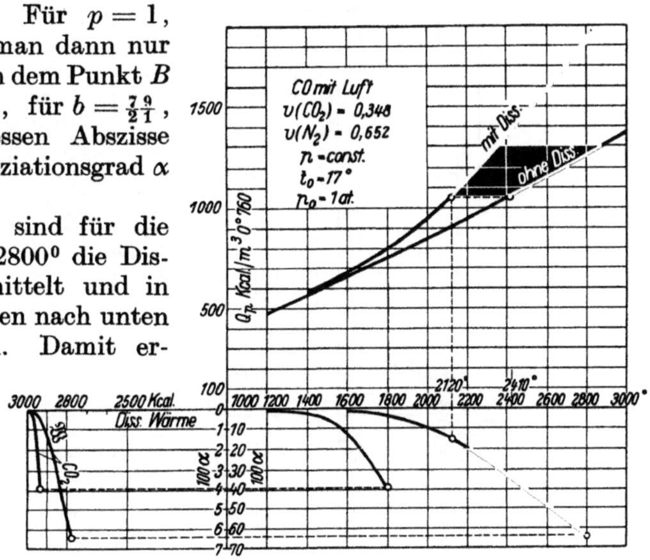

Abb. 24 a.

geben sich auch die links aufgetragenen Kurven der $\mathfrak{W}_p$, wie α in zwei Maßstäben.

Als Ordinaten nach oben wurden zunächst die Werte $0{,}21\, \mathfrak{J}_{CO_2} + 0{,}79\, \mathfrak{J}_{N_2}$ aufgetragen, durch welche die dissoziationsfreie Wärmeaufnahme von 1 m³ 0° 760 des Gemisches dargestellt wird. Durch tabellarische Rechnung wurden schließlich die Werte von Q_p nach der obigen Beziehung bestimmt und gleichfalls in Abb. 24 aufgetragen.

Der Einfluß der Dissoziation auf die Wärmeaufnahme wird erst von 1400° an merkbar und erreicht bei 2800° C 380 kcal bei einem dissoziationsfreien Wärmeinhalt von 1150 kcal/m³ 0° 760. Der Dissoziationsgrad der CO_2 erreicht bei dieser Temperatur 84% gegenüber 54% bei der reinen Kohlensäure.

Die Verbrennungstemperaturen werden weiter unten behandelt (Abschnitt 16).

c) Feuergas mit 34,8 Raumteilen CO_2 und 65,2 Raumteilen N_2; $p = 1$ at, $t_0 = 17°$. Für dieses Feuergas, das durch Verbrennung von CO mit der theoretischen Luftmenge entsteht, wurde in gleicher Weise wie unter b) die Abb. 24a gewonnen (vgl. auch e).

d) Wasserdampf als Feuergas von H_2 mit reinem O_2. Auf gleiche Weise wie für CO_2 unter 1. oben sind in Abb. 25 die Werte für H_2O aufgetragen, nach unten die Dissoziationsgrade für $p = 1$ at, wie sie früher ermittelt wurden, nach oben gemäß

$$Q_p = \mathfrak{J}_{H_2O} + \alpha_w (1{,}5\, \mathfrak{J}_{2\,\text{atom}} - \mathfrak{J}_{H_2O}) + \alpha_w \cdot \mathfrak{W}_{m\,H_2O}$$

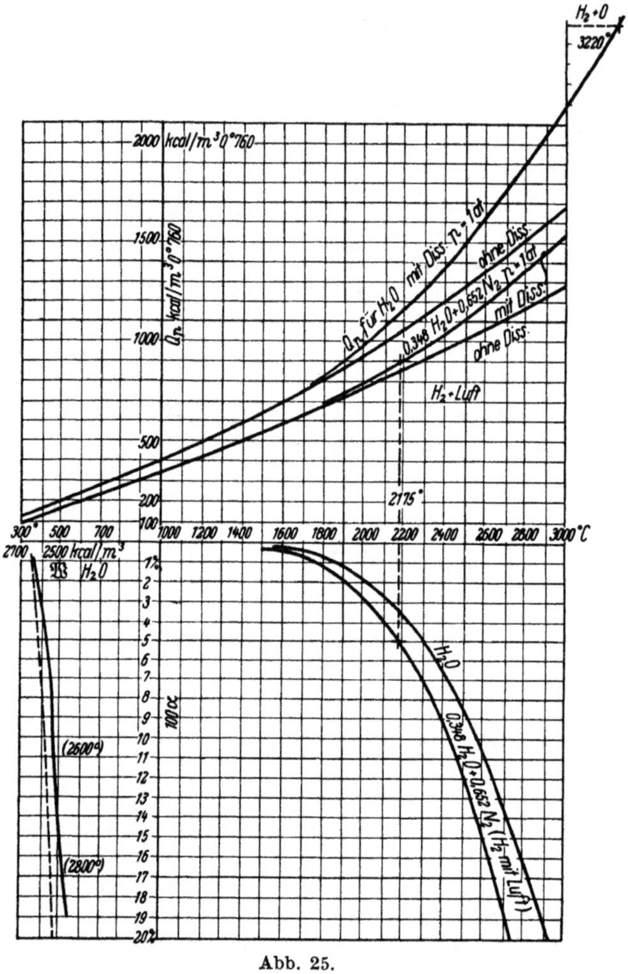

Abb. 25.

zunächst die Werte $\mathfrak{J}_{H_2O}$ für dissoziationsfreie Wärmeaufnahme nach Zahlentafel I, und dann die gesamte Wärmeaufnahme Q_p unter Berücksichtigung der Dissoziation.

Der Einfluß der Dissoziation beginnt erst von 1600—1700° C an merkbar zu werden. Bei 2800° C erreicht er rd. 400 kcal gegenüber 1540 kcal dissoziationsfreier Wärmeaufnahme. Der Dissoziationsgrad bei dieser Temperatur beträgt rd. 16%.

e) Feuergas mit 34,8 Raumteilen H_2O und 65,2 Raumteilen N_2. Bei der Verbrennung von H_2 mit der theoretischen Luftmenge entsteht gemäß der Reaktion

$$2\,H_2 + O_2 + \tfrac{79}{21}\,N_2 = 2\,H_2O + \tfrac{79}{21}\,N_2$$

ein Feuergas mit 2 Vol. H_2O und $\frac{79}{21} = 3{,}76$ Vol. N_2, also $\mathfrak{v}\,(H_2O) = \frac{2}{5{,}76} = 0{,}348$ und $\mathfrak{v}\,(N_2) = 0{,}652$, daher $b = \frac{79}{42}$.

Der Dissoziationsgrad des H_2O in diesem Gemisch berechnet sich, ebenso wie bei dem Kohlensäure-Stickstoff-Gemisch, aus der Gleichgewichtsbeziehung

$$\log K_{p_{H_2O}} = \log p + \log \frac{\alpha^3}{(1-\alpha)^2 \cdot [2 \cdot (1+b) + \alpha]}\,.$$

Man hat zunächst die Funktion

$$f\,(\alpha, b) = \log \frac{\alpha^3}{(1-\alpha)^2 \cdot \left[2 \cdot \left(1 + \frac{79}{42}\right) + \alpha\right]}$$

aufzutragen, wie sie in Abb. 20 enthalten ist. Für eine beliebige Temperatur T, z. B. 2000^0 absolut, erhält man auf der Kurve $\log K_{p_{H_2O}}$ dieser Abbildung den Punkt D; von diesem wagrecht nach der Kurve $f\,(\alpha)$ mit $b = \frac{79}{42}$ herüber den Punkt E, dessen Abszisse (Punkt F) den gesuchten Dissoziationsgrad ergibt.

Die auf diesem Wege ermittelten Dissoziationsgrade sind nun in Abb. 25 als Ordinaten nach unten aufgetragen; nach links sind zu α als Ordinaten die Werte $\mathfrak{W}_p$ als Abszissen aufgetragen.

Als Ordinaten nach oben sind dann gemäß der Gleichung

$$Q_p = 0{,}348\,\mathfrak{J}_{H_2O} + 0{,}625\,\mathfrak{J}_{N_2} + 0{,}348\,\alpha \cdot (1{,}5\,\mathfrak{J}_{2\,\text{atom}} - \mathfrak{J}_{H_2O}) + 0{,}348\,\alpha \cdot \mathfrak{W}_{m\,H_2O}$$

zunächst die dissoziationsfreien Wärmeinhalte

$$0{,}348\,\mathfrak{J}_{H_2O} + 0{,}652\,\mathfrak{J}_{N_2}$$

aufgetragen, und dann die auf Grund der ermittelten Dissoziationsgrade und mittleren Dissoziationswärmen tabellarisch berechneten Werte der gesamten Wärmeaufnahme Q_p.

Der Einfluß der Dissoziation auf die Wärmeaufnahme wird erst von 1700 bis 1800^0 C an merkbar und erreicht bei 2800^0 C 190 kcal gegen 1190 kcal dissoziationsfreier Wärmeaufnahme. Der Dissoziationsgrad bei dieser Temperatur beträgt rd. 22%.

f) Feuergas aus Methan mit reinem Sauerstoff.

Nach der Reaktionsgleichung

$$CH_4 + 2\,O_2 = CO_2 + 2\,H_2O$$

ist dieses Feuergas aus 1 Raumteil CO_2 und 2 Raumteilen H_2O zusammengesetzt, entsprechend

$$h = 2$$

und

$$\mathfrak{v}\,(H_2O) = \tfrac{2}{3}, \quad \mathfrak{v}\,(CO_2) = \tfrac{1}{3}.$$

Für die Wärmeaufnahme gilt demgemäß

$$Q_p = \tfrac{1}{3} \cdot \mathfrak{J}_{CO_2} + \tfrac{2}{3} \mathfrak{J}_{H_2O} + \tfrac{1}{3} \alpha_k \left(1{,}5 \mathfrak{J}_{2\,\text{atom}} - \mathfrak{J}_{CO_2} \right) + \tfrac{2}{3} \alpha_w \cdot \left(1{,}5 \mathfrak{J}_{2\,\text{atom}} - \mathfrak{J}_{H_2O} \right) + \tfrac{1}{3} \alpha_k \cdot \mathfrak{W}_{m\,CO_2} + \tfrac{2}{3} \alpha_w \cdot \mathfrak{W}_{m\,H_2O} \,.$$

Der Dissoziationsgrad α_k der Kohlensäure folgt aus der Gleichung

$$\log K_{p_{CO_2}} = \log p + \log \frac{\alpha_k^3}{(1 - \alpha_k)^2 \cdot \left[\dfrac{2\,(1+2)}{1 + 2 \cdot \dfrac{\alpha_w}{\alpha_k}} + \alpha_k \right]} \,.$$

Darin kann in erster Näherung gesetzt werden

$$\frac{\alpha_w}{\alpha_k} = \frac{1}{K_{p_w}}$$

mit den in Abschnitt 12 ermittelten Werten von K_{p_w}. Damit ergeben sich z. B. die folgenden Werte von $\frac{\alpha_w}{\alpha_k}$, für

$$t = 1600^0 \quad 2000^0 \quad 2800^0$$

$$\frac{\alpha_w}{\alpha_k} = \frac{1}{5{,}2} \quad \frac{1}{7{,}0} \quad \frac{1}{10}$$

und damit die Werte des Ausdrucks

$$\frac{2 \cdot (1 + b + h)}{1 + h \cdot \dfrac{\alpha_w}{\alpha_k}} = \varphi\,(b, h) \quad \text{mit } b = 0,\ h = 2$$

$$\varphi\,(b, h) = 4{,}33 \qquad 4{,}67 \qquad 5.$$

Man zeichnet nun für einen Durchschnittswert von $\varphi\,(b, h)$, z. B. 4,7, die Kurve

$$\log \frac{\alpha_k^3}{(1 - \alpha_k)^2 \cdot [4{,}7 + \alpha_k]}$$

in Abb. 20 auf. Diese mittlere Kurve weicht nur sehr wenig von den wahren Kurven ab, die man erhält, wenn man statt des Mittelwerts 4,7 die wahren Werte einsetzt. Man kann also mit Hilfe dieser Kurve die Werte von α_k in der gleichen Weise ermitteln, wie bisher, indem man von dem zur Temperatur T gehörigen Punkt A der Kurve $K_{p_{CO_2}}$ wagrecht nach der Kurve $f(\alpha)$ für $\varphi(b, h) = 4{,}7$ herübergeht, Punkt B. Diese Kurve unterscheidet sich ihrerseits nur wenig von derjenigen für $b = \frac{79}{42}$ und $h = 0$, für die $2 \cdot (1 + b) = 5{,}7$ ist. Auf diese Weise erhält man die vorläufigen Werte von α_k für

$t =$	1600	2000	2800
$100\,\alpha_k =$	1,27	10	65

Damit ergeben sich nun die genaueren Werte von $\frac{\alpha_w}{\alpha_k}$ aus

$$\frac{\alpha_k}{\alpha_w} = K_{p_w} - \alpha_k\,(K_{p_w} - 1)\,, \text{ nämlich}$$

$$\frac{\alpha_w}{\alpha_k} = \frac{1}{5{,}15} \quad \frac{1}{6{,}4} \quad \frac{1}{4{,}15},$$

die also weit weniger veränderlich sind, als die ersten Näherungswerte. Man kann somit die ersten Werte von α_k beibehalten, da die mittlere Kurve $f(\alpha, h)$ nur äußerst wenig von der wahren abweicht. Damit folgen nun die Werte von α_w

$$100\,\alpha_w = 0{,}247 \quad 1{,}56 \quad 15{,}7\,\%.$$

Wenn man glaubt, daß diese Näherungswerte nicht genau genug sind, so kann man das Verfahren wiederholen.

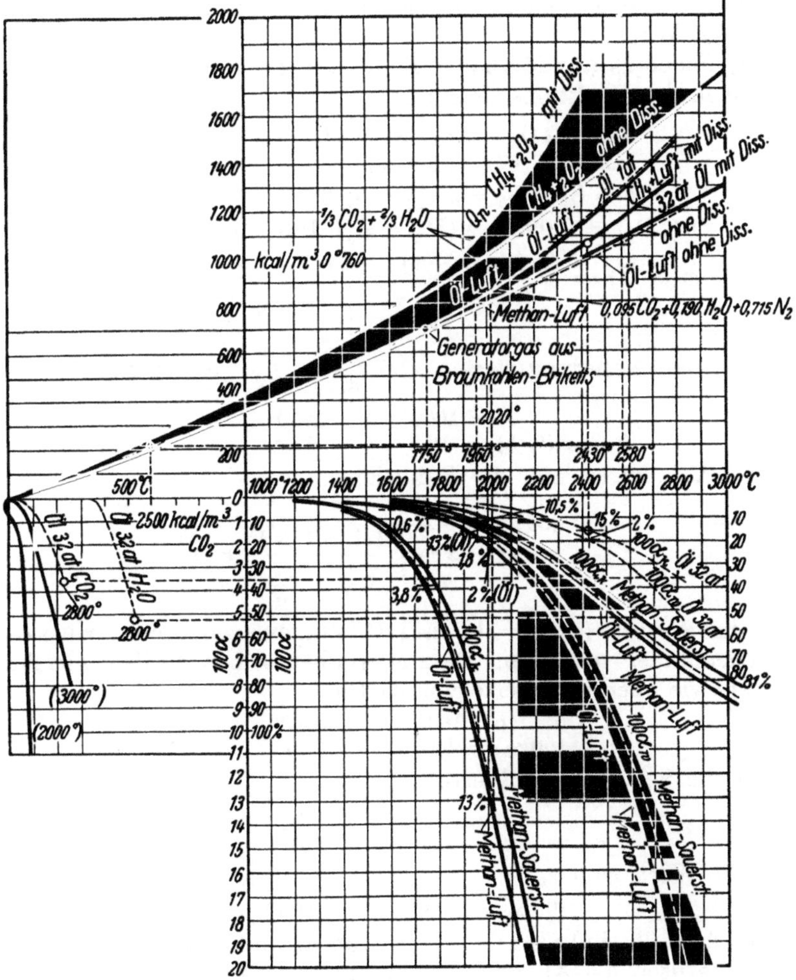

Abb. 26.

Die so ermittelten Werte von α_k und α_w sind nun in Abb. 26 als Ordinaten nach unten zu den Temperaturen als Abszissen aufgetragen (in 2 verschiedenen Maßstäben). Zur Ermittlung von $\mathfrak{W}_{m_{CO_2}}$ und $\mathfrak{W}_{m_{H_2O}}$

sind ferner die Dissoziationswärmen $\mathfrak{W}_{CO_2}$ und $\mathfrak{W}_{H_2O}$ als Abszissen nach links zu α_k bzw. α_w als Ordinaten aufgetragen.

Dann sind nach der obigen Gleichung für Q_p sowohl die dissoziationsfreien Wärmeinhalte, also die Wärmemengen

$$\tfrac{1}{3}\,\mathfrak{J}_{CO_2} + \tfrac{2}{3}\,\mathfrak{J}_{H_2O},$$

als auch die Werte der gesamten Wärmeaufnahme als Ordinaten aufgetragen.

Der Einfluß der Dissoziation auf die Wärmeaufnahme wird erst von 1400°—1500° C an merkbar. Bei 2000° C erreicht er 120 kcal gegen rd. 1000 kcal dissoziationsfreiem Wärmeinhalt, bei 2800° rd. 850 kcal gegen rd. 1600 kcal.

g) Feuergas aus Methan mit der theoretischen Luftmenge.

Nach der Reaktionsgleichung

$$CH_4 + 2\,O_2 + 2\cdot\tfrac{79}{21}\,N_2 = CO_2 + 2\,H_2O + 2\cdot\tfrac{79}{21}\,N_2$$

ist
$$h = H_2O : CO_2 = 2 \quad \text{und}$$
$$b = N_2 : CO_2 = 2\cdot\tfrac{79}{21} = 7{,}52,$$

ferner $\mathfrak{v}(CO_2) = 0{,}095$, $\mathfrak{v}(H_2O) = 0{,}190$, $\mathfrak{v}(N_2) = 0{,}715$. Somit

$$\varphi(b,\,h) = \frac{2\cdot(1+h+b)}{1+h\cdot\dfrac{\alpha_w}{\alpha_k}} = \frac{2\cdot(1+2+7{,}52)}{1+2\cdot\dfrac{\alpha_w}{\alpha_k}} = \frac{21{,}04}{1+2\cdot\dfrac{\alpha_w}{\alpha_k}}.$$

Mit den Näherungswerten von $\dfrac{\alpha_w}{\alpha_k} = \dfrac{1}{K_{p_w}}$ ergibt sich für

$t =$	1600°	2800°
$\varphi(b,\,h) =$	15,2	17,5

In Abb. 20 ist nun die Funktion

$$\log \frac{\alpha^3}{(1-\alpha)^2\cdot\left[\dfrac{2\,(1+b+h)}{1+2\cdot\dfrac{\alpha_w}{\alpha_k}} + \alpha_k\right]}$$

für die Werte $\varphi(b,h) = 13$ und 16 aufgetragen, deren Kurven nahe nebeneinander verlaufen. Daraus ergaben sich nach dem gleichen Verfahren wie oben die Werte von α_k für

$t =$	1600°	2000°	2800°
$100\,\alpha_k =$	1,63	12,5	74,

somit die verbesserten Werte

$$\frac{\alpha_w}{\alpha_k} = \frac{1}{5{,}13} \qquad \frac{1}{6{,}25} \qquad \frac{1}{3{,}34}$$

und die Werte von α_w

$$100\,\alpha_w = 0{,}32 \qquad 2{,}00 \qquad 22{,}2.$$

In Abb. 26 sind nun die Werte von α_k und α_w als Ordinaten zu den Temperaturen als Abszissen nach unten aufgetragen. Die Werte von Q_p sind nach der Gleichung

$$Q_p = 0{,}095\cdot\mathfrak{J}_{CO_2} + 0{,}19\,\mathfrak{J}_{H_2O} + 0{,}715\,\mathfrak{J}_{N_2} + 0{,}095\cdot\alpha_k\cdot[1{,}5\,\mathfrak{J}_{2\,\text{atom}} - \mathfrak{J}_{CO_2}]$$
$$+\,0{,}19\cdot\alpha_w\cdot[1{,}5\,\mathfrak{J}_{2\,\text{atom}} - \mathfrak{J}_{H_2O}] + 0{,}095\cdot\alpha_k\cdot\mathfrak{W}_{m\,CO_2}$$
$$+\,0{,}19\cdot\alpha_w\cdot\mathfrak{W}_{m\,H_2O}$$

tabellarisch für die Temperaturen von 1200—3000° berechnet und in Abb. 26 als Ordinaten aufgetragen. Von den dissoziationsfreien Wärmeinhalten weichen sie erst von etwa 1400° an merkbar ab; bei 2000° beträgt die Abweichung rd. 45 kcal gegen 800 kcal dissoziationsfreiem Wärmeinhalt, und bei 2800° rd. 290 kcal gegen rd. 1200 kcal.

h) Ölfeuergas von 1 at mit der theoretischen Luftmenge.

Die Erdöldestillate ergeben mit der theoretischen Luftmenge ein Feuergas, das CO_2 und H_2O in ungefähr gleichen räumlichen Mengen, und zwar rd. 14% CO_2 und 14% H_2O, also 72% N_2 enthält. Für diese Feuergase ist also

$$h = \frac{H_2O}{CO_2} = 1, \quad b = \frac{N_2}{CO_2} = \frac{72}{14} = 5{,}14.$$

Der Wert $\varphi(b, h) = \dfrac{2(1 + h + b)}{1 + h\dfrac{\alpha_w}{\alpha_k}}$ ist also gleich $\dfrac{14{,}28}{1 + \dfrac{\alpha_w}{\alpha_k}}$

und liegt mit den gleichen Näherungswerten von $\dfrac{\alpha_w}{\alpha_k}$ wie unter f und g in den Grenzen von etwa 10—12. Man kann somit aus den in Abb. 20 eingetragenen Kurven der Funktion $f(\alpha)$ die Werte von α_k wie oben ermitteln. Man erhält für

$t =$	1600°	2000°	2800°
$100\,\alpha_k =$	1,6	11,8	70%,

und mit den hiernach verbesserten Werten

$$\frac{\alpha_w}{\alpha_k} = \frac{1}{5{,}13} \qquad \frac{1}{6{,}29} \qquad \frac{1}{3{,}70}$$

die Werte

$$100\,\alpha_w = 0{,}312 \qquad 1{,}88 \qquad 18{,}9$$

In Abb. 26 sind diese Werte gleichfalls eingetragen. Die Wärmeaufnahme ist berechnet nach

$$\begin{aligned} Q_p = {} & 0{,}14\,\mathfrak{J}_{CO_2} + 0{,}14 \cdot \mathfrak{J}_{H_2O} + 0{,}72\,\mathfrak{J}_{N_2} + 0{,}14 \cdot \alpha_k \cdot [1{,}5\,\mathfrak{J}_{2\,\text{atom}} - \mathfrak{J}_{CO_2}] \\ & + 0{,}14 \cdot \alpha_w \cdot [1{,}5\,\mathfrak{J}_{2\,\text{atom}} - \mathfrak{J}_{H_2O}] + 0{,}14 \cdot \alpha_k \cdot \mathfrak{W}_{m\,CO_2} \\ & + 0{,}14\,\alpha_w \cdot \mathfrak{W}_{m\,H_2O} \end{aligned}$$

und gleichfalls, nebst den durch die drei ersten Glieder dargestellten dissoziationsfreien Beträgen in Abb. 26 eingetragen. Diese Werte unterscheiden sich im ganzen Gebiet nur sehr wenig von denen für das CH_4 — Luft — Feuergas.

i) Ölfeuergas (mit Luft) von 32 at (Dieselmotor).

In der Ermittlung der Dissoziationsgrade unterscheidet sich dieser Fall von dem vorhergehenden dadurch, daß als wagrechte Achse in Abb. 20 links nicht die Abszissenachse ($\log p = \log 1 = 0$), sondern eine Parallele mit dieser im Abstand $\log p = \log 32 = 1{,}505$ anzunehmen ist. Von dieser Achse nach oben sind die Werte von $\log K_p$ abzutragen, um die Dissoziationsgrade $100\,\alpha_k$ auf den Kurven $f(\alpha)$ zu finden. Diese ergeben sich dabei, wie es dem höheren Druck entspricht, kleiner als für 1 at. Sie sind gleichfalls in Abb. 26 nach unten aufgetragen, ebenso wie die aus ihnen hervorgehenden Werte von $100\,\alpha_w$. Nach oben sind die hiermit berechneten Werte der Wärmeaufnahme Q_p aufgetragen. Sie sind kleiner als für 1 at, weil für die kleinere Dissoziation weniger Wärme verbraucht wird.

15. Wärmeaufnahme der Feuergase bei konstantem Volumen im Dissoziationsgebiet.

a) Berechnungsgrundlagen. Wird einem Feuergasgemisch bei unveränderlichem Raum Wärme zugeführt, so steigt mit der Temperatur auch der Druck (p) und der Dissoziationsgrad α.

Im Anfangszustand sei p_0 der Druck, T_0 die abs. Temperatur, α_0 der Dissoziationsgrad, im Endzustand seien diese Werte p, T, α, wobei zunächst ein Gemisch mit nur einem dissoziierenden Bestandteil (CO_2 oder H_2O) angenommen wird. Im nicht dissoziierten Zustand enthalte das Gemisch auf 1 m³ CO_2 (oder H_2O) b m³ N_2; das Gesamtvolumen (bei 0⁰760) beträgt dann $1 + b$ m³. Beim Dissoziationsgrad α ist dieses Volumen $1 + b + \frac{\alpha}{2}$. Nach dem Gasgesetz ist dann, wenn $\alpha_0 = 0$ gesetzt wird,

$$\frac{p}{p_0} = \frac{T}{T_0} \cdot \frac{1 + b + \frac{\alpha}{2}}{1 + b}. \tag{1}$$

Für den Endzustand gilt nun außerdem die Gleichung des chemischen Gleichgewichts

$$K_{p_T} = p \cdot \frac{\alpha^3}{(1-\alpha)^2 \cdot [2(1+b) + \alpha]} \tag{2}$$

Ersetzt man in Gl. 2 p durch seinen Wert nach Gl. 1, so wird

$$\frac{K_{p_T}}{T} = \frac{p_0}{2(1+b)\,T_0} \cdot \frac{\alpha^3}{(1-\alpha)^2} \tag{3}$$

Da nun $\frac{K_{p_T}}{T}$ eine reine Temperaturfunktion ist, die nach Abschnitt 9 für CO_2 und H_2O bekannt ist, so kann α aus dieser Gleichung für eine beliebige Endtemperatur T und einen beliebigen Anfangszustand (p_0, T_0) ermittelt werden. Dabei geht man zweckmäßig in ähnlicher Weise vor, wie bei der Zustandsänderung für konstanten Druck. Aus Gl. 3 folgt

$$\log K_{p_T} - \log T = \log \frac{p_0}{2(1+b)\,T_0} + \log \frac{\alpha^3}{(1-\alpha)^2}$$

Man trägt nun die Werte $\log K_{p_T}$ als Ordinaten nach oben und die Werte $\log T$ als Ordinaten nach unten zu den Temperaturen als Abszissen auf, Abb. 27 rechts. Ferner trägt man die Werte $\log \frac{\alpha^3}{(1-\alpha)^2}$ in Abb. 27 als Ordinaten nach oben zu den Werten von α als Abszissen auf und außerdem den Wert $\log \frac{p_0}{2(1+b)\,T_0}$ als parallele Gerade zur α-Achse nach unten. Mit der Strecke AB, Abb. 27, im Zirkel sucht man dann auf der Kurve links den Punkt A', der von der unteren Parallelen um die gleiche Strecke ($A' B' = A B$) entfernt ist. Die Abszisse dieses Punktes ist der gesuchte Dissoziationsgrad α.

Die Wärmemenge Q_v, die von der Masse von 1 m³ 0° 760 des Feuergases zwischen 0° und t^0 aufgenommen werden kann, folgt in ganz entsprechender Weise wie oben die Wärmeaufnahme bei konstantem Druck; in Gl. 4, Abschnitt 13 tritt nur an Stelle von $\mathfrak{J}$ überall die innere Energie $\mathfrak{U}$. Man erhält dann für ein beliebiges Feuergas, in dem sowohl CO_2 als H_2O, neben N_2, vorhanden sind:

$$Q_v = \mathfrak{v}(CO_2) \cdot \mathfrak{U}_{CO_2} + \mathfrak{v}(H_2O) \cdot \mathfrak{U}_{H_2O} + \mathfrak{v}(N_2) \cdot \mathfrak{U}_{N_2} + \mathfrak{v}(CO_2) \cdot \alpha_k$$
$$[1{,}5\,\mathfrak{U}_{2\,\text{atom}} - \mathfrak{U}_{CO_2}] + \mathfrak{v}(H_2O) \cdot \alpha_w \cdot [1{,}5\,\mathfrak{U}_{2\,\text{atom}} - \mathfrak{U}_{H_2O}]$$
$$+ \mathfrak{v}(CO_2)\,\alpha_k \cdot \mathfrak{W}_{m\,CO_2} + \mathfrak{v}(H_2O) \cdot \alpha_w \cdot \mathfrak{W}_{m\,H_2O}.$$

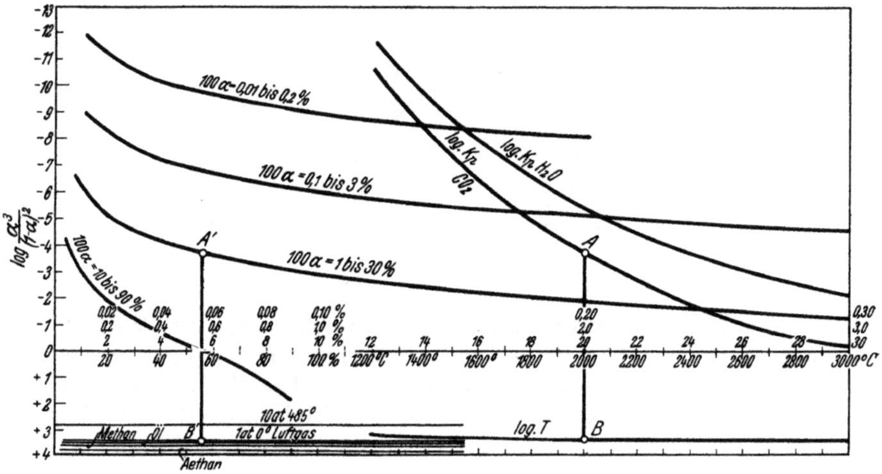

Abb. 27.

b) Feuergas mit 21 Raumteilen CO_2 und 79 Raumteilen N_2.

Es ist $b = \frac{79}{21}$. Für $p_0 = 1$ at abs, $T_0 = 273$ ist dann

$$\log \frac{p_0}{2(1+b)\,T_0} = -3{,}415.$$

Dagegen wäre z. B. für $p_0 = 10$ at, $T_0 = 758$[1],

$$\log \frac{p_0}{2(1+b)\,T_0} = -2{,}858.$$

Für diese beiden Fälle sind die Dissoziationsgrade mit Hilfe von Abb. 27 ermittelt und in Abb. 28 als Ordinaten zu den Temperaturen als Abszissen nach unten aufgetragen. Man erhält z. B. für

$t =$	1400	2000	2800° C	
$100\,\alpha =$	0,19	5,70	43 %	für $p_0 = 1$, $t_0 = 0°$
$100\,\alpha =$	0,12	3,60	31 %	„ $p_0 = 10$, $t_0 = 485°$.

Bei dem höheren Anfangsdruck sind also die Dissoziationsgrade für gleiche Temperatur wesentlich kleiner.

[1] Wenn z. B. in einer Gasmaschine die Ladung von 70° und 1 at auf 10 at verdichtet wird.

In Abb. 28 links unten sind ferner die Dissoziationswärmen $\mathfrak{W}_{CO_2}$ als Abszissen zu α als Ordinaten aufgetragen, und zwar, wie früher, die Werte $\mathfrak{W}_p$, da die Zunahme der Dissoziation bei der kleinen Temperatursteigerung dT unter dem wesentlich konstanten Druck p (der sich nur um dp ändert) erfolgt.

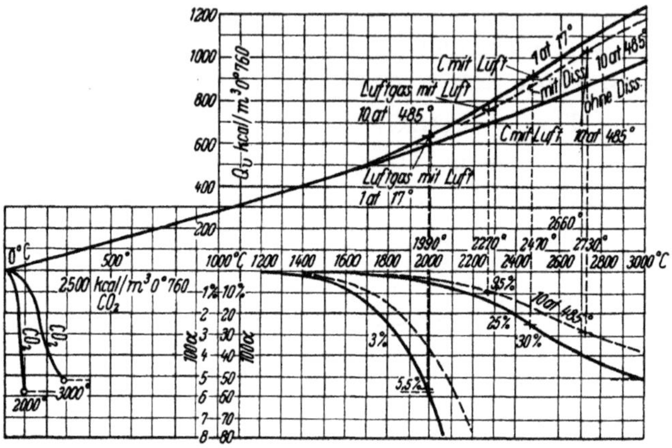

Abb. 28.

Mit den hieraus hervorgehenden Mittelwerten $\mathfrak{W}_m$, den Werten von α und $\mathfrak{U}$ wurden nun tabellarisch die Werte von Q_v (in Temperaturabständen von 200° zwischen 1200 und 3000° C) berechnet und in Abb. 28 oben als Ordinaten aufgetragen. Der untere Teil dieser Kurve fällt, wie man sieht, in das dissoziationsfreie Gebiet. In der Gleichung

$$Q_v = 0{,}21\, \mathfrak{U}_{CO_2} + 0{,}79\, \mathfrak{U}_{N_2} + 0{,}21 \cdot \alpha\, [1{,}5\, \mathfrak{U}_{N_2} - \mathfrak{U}_{CO_2}] + 0{,}21\, \alpha \cdot \mathfrak{W}_{m\,CO_2}$$

sind dies die beiden ersten Glieder. Der Einfluß der Dissoziation auf die Wärmeaufnahme wird erst von etwa 1700—1800° C an merkbar. Er erreicht bei 2500° C 140 kcal gegen 790 kcal dissoziationsfreier Wärmeaufnahme, bei 3000° C 250 kcal gegen rd. 1000 kcal. Bei dem höheren Druck sind die von der Dissoziation beanspruchten Wärmemengen kleiner, wie die gestrichelt eingetragene Wärmekurve zeigt.

c) Feuergas mit 34,8 Raumteilen CO_2 und 65,2 Raumteilen N_2 (CO mit der theor. Luftmenge).

Mit $b = \mathfrak{v}(N_2) : \mathfrak{v}(CO_2) = 65{,}2 : 34{,}8$ (oder 79 : 42) wird für $p_0 = 1$ at, $t_0 = 0°$, $T_0 = 273$

$$\log \frac{p_0}{(2 + b)\, T_0} = -3{,}197$$

und für $p_0 = 10$ at, $t_0 = 485°$, $T_0 = 758$

$$\log \frac{p_0}{(2 + b)\, T_0} = -2{,}64 .$$

Mit diesen Werten, die als Parallelen zur Abszissenachse in Abb. 27 nach unten aufzutragen sind, erhält man aus dieser Abbildung die in

Abb. 28a nach unten als Ordinaten aufgetragenen Dissoziationsgrade, z. B. für

	$t =$	1200	1600	2000	2600° C
bei $p_0 = 1$ at					
	$100\,\alpha =$	0,029	0,70	4,80	29,0 %,
bei $p_0 = 10$ at					
	$100\,\alpha =$	0,019	0,420	3,10	20,0 %.

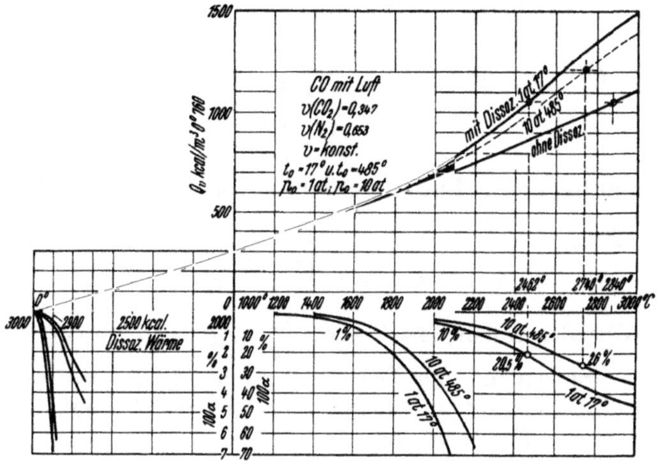

Abb. 28 a.

Hiermit errechnen sich die gleichfalls in Abb. 28a eingetragenen Beträge der Wärmeaufnahme für beide Fälle.

d) Feuergas mit 34,8 Raumteilen H_2O und 65,2 Raumteilen N_2 (H_2 mit der theor. Luftmenge). Mit den gleichen Grundlagen wie unter *c* erhält man die in Abb. 28b eingetragenen Dissoziationsgrade und Wärmemengen.

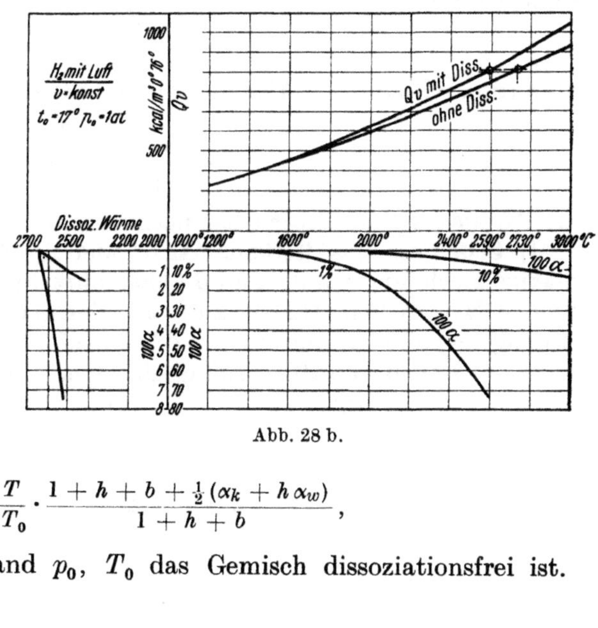

Abb. 28 b.

e) Feuergasgemische aus CO_2, H_2O und N_2. Für solche Gemische gilt mit Rücksicht auf die früher (Abschnitt 10) behandelte Raumänderung (bzw. Dichte-Änderung) durch die Dissoziation

$$\frac{p}{p_0} = \frac{T}{T_0} \cdot \frac{1 + h + b + \frac{1}{2}(\alpha_k + h\,\alpha_w)}{1 + h + b},$$

wenn beim Anfangszustand p_0, T_0 das Gemisch dissoziationsfrei ist.

Zwischen den beiden Dissoziationsgraden besteht, wie oben, die Beziehung

$$\frac{\alpha_k}{\alpha_w} = K_{p_w} - \alpha_k (K_{p_w} - 1)$$

angenähert für kleine Dissoziationsgrade

$$\frac{\alpha_k}{\alpha_w} = K_{p_w}.$$

Ferner ist wie früher (Abschnitt 10)

$$K_{p\,CO_2} = p \cdot \frac{\alpha_k^3}{(1-\alpha_k)^2 \cdot \left[\frac{2(1+h+b)}{1+h\frac{\alpha_w}{\alpha_k}} + \alpha_k\right]}.$$

Durch Verbindung dieser Beziehung mit derjenigen für $\frac{p}{p_0}$ folgt

$$\frac{K_{p_{CO_2}}}{T} = \frac{p_0}{2(1+h+b)T_0}\left(1 + h\frac{\alpha_w}{\alpha_k}\right)\frac{\alpha_k^3}{(1-\alpha_k)^2}.$$

Da der Wert des Ausdrucks $1 + h \cdot \frac{\alpha_w}{\alpha_k}$ sich wie oben in verhältnismäßig engen Grenzen mit der Temperatur ändert, so kann man ihn in erster Näherung konstant annehmen und mit den übrigen konstanten Größen vereinigen. Man erhält dann

$$\frac{K_{p_{CO_2}}}{T} = \frac{p_0\left(1 + h \cdot \frac{\alpha_w}{\alpha_k}\right)}{2(1+h+b)T_0} \cdot \frac{\alpha_k^3}{(1-\alpha_k)^2}.$$

Um α_k auf graphischem Wege zu bestimmen, kann man wie unter b einerseits die Werte $\log K_{p_T} - \log T$ auftragen, Abb. 27 rechts, andererseits die Werte

$$\log \frac{\alpha_k^3}{(1-\alpha_k)^2}$$

als Ordinaten zu α als Abszissen, und außerdem den Wert

$$\log \frac{p_0\left(1 + h\frac{\alpha_w}{\alpha_k}\right)}{2(1+h+b)T_0}$$

als Parallele zu Abszissenachse nach unten.

f) Feuergase aus Methan, Äthan und Erdöldestillaten. Die zahlenmäßige Rechnung wurde nun durchgeführt für die Feuergase von Methan (CH_4), Äthan (C_2H_6) und Erdöldestillate, und zwar 1. für 17° Anfangstemperatur und $p_0 = 1{,}03$ at Anfangsdruck. 2. für 485° Anfangstemperatur und 10 at Anfangsdruck mit Erdöldestillaten. Es ist für

	CH_4	C_2H_6	Öl
$h = \frac{H_2O}{CO_2}$	$= 2$	1,5	1
$b = \frac{N_2}{CO_2}$	$= 2 \cdot \frac{79}{21} = 7{,}53$	$\frac{3{,}5 \cdot 79}{21} = 13{,}18$	$\frac{108}{21} = 5{,}14$,
also $1 + h + b$	$= 10{,}53$	15,68	7,14

Mit dem Mittelwert $\frac{\alpha_w}{\alpha_k} = \frac{1}{5}$ wird dann

$1 + h\frac{\alpha_w}{\alpha_k} = \frac{7}{5}$	$\frac{6,5}{5}$	$\frac{6}{5}$

und

$\frac{2(1+h+b)}{1+h\cdot\frac{\alpha_w}{\alpha_k}} = 15,1$	24,1	11,9.

und man hat nun die Werte $\log \frac{T_0}{p_0} \frac{2(1+h+b)}{1+h\frac{\alpha_w}{\alpha_k}}$ in Abb. 27 als Ordinaten nach unten für $T_0 = 273 + 17$, $p_0 = 1,03$ at aufzutragen, wobei man drei parallele Gerade erhält, und zwar für

	Methan	Äthan	Öl
in den Abständen	3,624	3,828	3,527

von der Abszissenachse, bei 1,03 at, 17°, und im Abstand 2,959 bei 10 at, 485°.

Aus Abb. 27 ergeben sich hiermit die in Abb. 29 als Ordinaten nach unten aufgetragenen Dissoziationsgrade α_k und α_w. Man erhält z. B. für

	$t = 1600$	2000	2600° C
für Methan: bei $p_0 = 1,03$, $t_0 = 17°$ C			
$\frac{\alpha_k}{\alpha_w}$	$= 5,16$	6,60	6,24
$100\,\alpha_k$	$= 0,95$	6,60	37,00 %
$100\,\alpha_w$	$= 0,184$	1,00	5,90 %
für Äthan:			
$\frac{\alpha_k}{\alpha_w}$	$= 5,15$	6,54	5,82
$100\,\alpha_k$	$= 1,10$	7,70	42,00 %
$100\,\alpha_w$	$= 0,21$	1,18	7,21 %
für Öl:			
$\frac{\alpha_k}{\alpha_w}$	$= 5,16$	6,63	6,36
$100\,\alpha_k$	$= 0,85$	6,20	35,50 %
$100\,\alpha_w$	$= 0,16$	1,07	5,58 %

Mit den Werten für

	Methan	Äthan	Öl
$\mathfrak{v}\,(CO_2)$	$= 0,095$	0,11	0,14
$\mathfrak{v}\,(H_2O)$	$= 0,190$	0,165	0,14
$\mathfrak{v}\,(N_2)$	$= 0,715$	0,725	0,72

folgen dann weiter nach der obigen allgemeinen Gleichung für Q_v die in Abb. 29 nach oben als Ordinaten aufgetragenen Werte von Q_v.

Wie Abb. 29 zeigt, sind diese Werte für die 3 Brennstoffe nur wenig voneinander verschieden. Am größten ist die Wärmeaufnahme des Ölfeuergases.

Die dissoziationsfreien Wärmemengen fallen bei Äthan und Methan zusammen, bei Öl sind sie um etwa 10 kcal/m³, also verhältnismäßig sehr wenig größer. Bis etwa 1600° ist der Einfluß der Dissoziation auf die Wärmeaufnahme verschwindend klein; bei 2500° beträgt er etwa 90—120 kcal/m³ gegen rd. 800 kcal ohne Dissoziation.

g) Feuergase aus Erdöldestillaten mit 10 at Anfangsdruck. Für den Fall $p_0 = 10$ at, $t_0 = 485°$, wie er z. B. in Leichtölmotoren mit Vorverdichtung auf 10 at vorliegt, wird in gleicher Weise für

$t =$	1600	2000	2600° C
$\frac{\alpha_k}{\alpha_w} =$	5,18	6,75	7,27
$100\,\alpha_k =$	0,60	4,1	24,60 %
$100\,\alpha_w =$	0,116	0,608	3,38 %

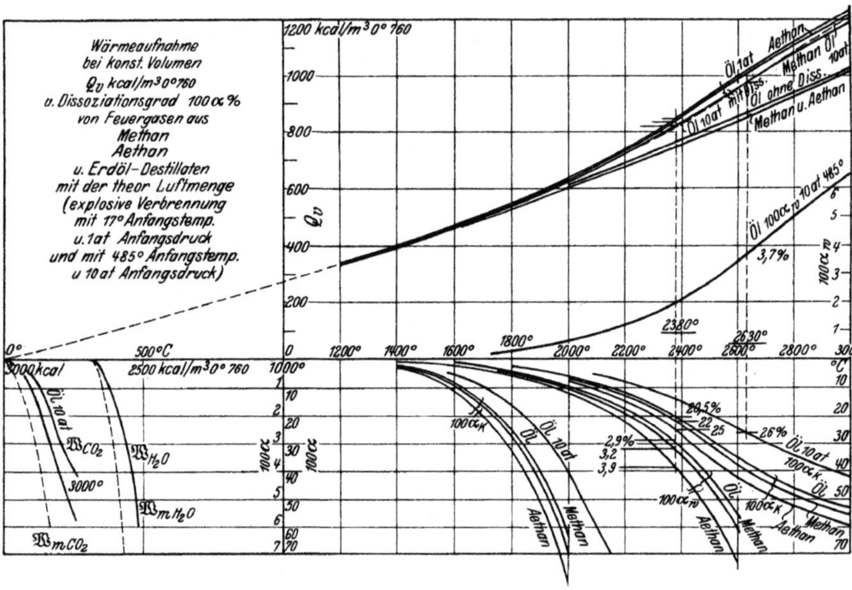

Abb. 29.

Diese Werte von $100\,\alpha_k$ sind gleichfalls in Abb. 29 als Ordinaten nach unten aufgetragen, dagegen die Werte $100\,\alpha_w$ der größeren Deutlichkeit wegen nach oben.

Die hiernach tabellarisch (für die Temperaturen 1600, 1800, 2000, 2200, 2400, 2600, 2800 und 3000° C) berechneten Werte der Wärmeaufnahme mit Dissoziation sind gleichfalls in Abb. 29 nach oben aufgetragen. Sie fallen fast mit der Methankurve für $p_0 = 1{,}03$ at zusammen. Die dissoziationsfreie Kurve ist mit derjenigen für Öl mit $p_0 = 1{,}03$ at identisch.

16. Maximale Verbrennungstemperaturen und Dissoziationsgrade.

a) Berechnungsgrundlagen. Die ohne Sauerstoffüberschuß oder Sauerstoffmangel entstehende (verlustfreie) Verbrennungstemperatur (t_1) ist bestimmt durch die Temperatur der Ladung vor der Verbrennung (t_0), durch die Verbrennungswärme, die auf die Mengeneinheit des

Feuergases entfällt (Q_f, Feuergaswärme) und durch die Zusammensetzung des Feuergases, von der seine Aufnahmefähigkeit für die Wärme (Q_p bei konstantem Druck, Q_v bei konstantem Volumen) abhängt. Wenn die Werte von Q_p und Q_v in Abhängigkeit von der Temperatur und unter Berücksichtigung der Dissoziation von CO_2 und H_2O ermittelt sind, wie es im vorstehenden für eine größere Zahl von Feuergasen geschehen ist, so kann man auf graphischem Wege die Verbrennungstemperatur einfach bestimmen, wie Abb. 30 zeigt. Ausgehend von den zur Temperatur t_0 gehörigen Punkten der Wärmeaufnahmekurven (A_0 bei konstantem Druck, A_0' bei konstantem Volumen) bestimmt man die Punkte B_0 und B_0' der beiden Kurven, in denen die Wärmeaufnahme um den Betrag der Feuergaswärme (Q_f) größer ist als in A_0 und A_0'. Die Abszissen dieser Punkte sind die gesuchten Verbrennungstemperaturen, t_1 bei konstantem Druck, t_1' bei konstantem Volumen.

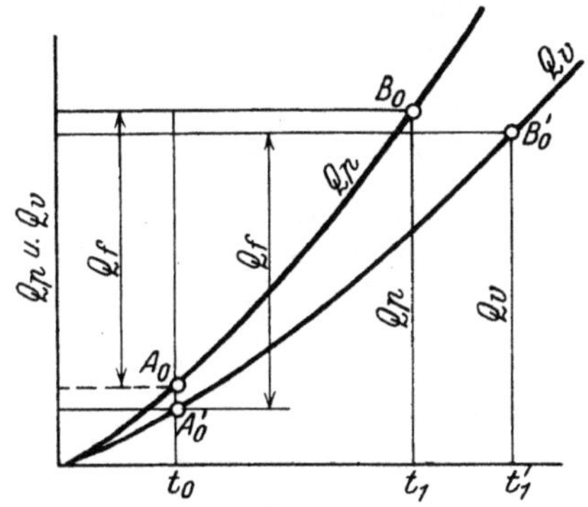

Abb. 30.

Die Feuergaswärmen folgen aus den bekannten (kalorimetrisch ermittelten) Werten der Wärmetönung oder des Heizwertes der Mengeneinheit des brennbaren Stoffes durch Division mit der zur gleichen Brennstoffmenge gehörigen Feuergasmenge. Als Mengeneinheit kann 1 Mol oder 1 kg oder die Menge von 1 m³ 0° 760 des Feuergases angenommen werden. Im folgenden wird mit der letzteren Einheit gerechnet, die auch den oben ermittelten Wärmeaufnahmekurven zugrunde liegt. Als Heizwert muß stets der **untere** Heizwert genommen werden bzw. die Wärmetönung der Reaktion mit **gasförmigem** Endprodukt (bei der Temperatur t_0). Ist die Anfangstemperatur t_0 beträchtlich höher als die Zimmertemperatur (15—20°), die den kalorimetrisch ermittelten Wärmetönungen zugrunde liegt, so muß bei der Bestimmung von Q_f die Abhängigkeit der Wärmetönung von der Temperatur berücksichtigt werden, wie sie in Abb. 19 für CO und H_2 dargestellt ist. Dieser Fall liegt grundsätzlich vor bei der Verbrennung in der Kolbengasmaschine und im Dieselmotor, wo die Temperatur der Ladung vor der Verbrennung infolge der adiabatischen Kompression 400—700° beträgt. Bis zu 1000° sind allerdings die Unterschiede der Wärmetönungen gegenüber Zimmertemperatur noch verhältnismäßig klein, z. B. bei H_2 2620 kcal/m³ bei 1000° gegen 2555 kcal bei Zimmertemperatur (+ 65 kcal = + 2,5 %), bei CO 3015 gegen 3040 kcal (— 25 kcal = — 0,8 %).

Im folgenden wird mit den nachstehenden unteren Heizwerten gerechnet werden.

$CO + \frac{1}{2} O_2 = CO_2$ mit $\mathfrak{W} = 3020$ kcal/m³ 0° 760
$C + O_2 = CO_2$ mit $\mathfrak{W} = 96960$ kcal/Mol
$H_2 + \frac{1}{2} O_2 = H_2O$ mit $\mathfrak{W}_u = 2598$ kcal für 1 m³ 0° 760 H_2

$CH_4 + 2O_2 = CO_2 + 2H_2O$ mit $\mathfrak{W}_u = 8585$ [1] kcal für 1 m³ 0° 760 CH_4
$C_2H_6 + 3{,}5O_2 = 2CO_2 + 3H_2O$ mit $\mathfrak{W}_u = 15109$ [2] kcal für 1 m³ 0° 760 C_2H_6
Erdöldestillate mit $\mathfrak{W}_u = 10500$ kcal für 1 kg Öl
Generatorgas aus Braunkohlenbriketts mit $\mathfrak{W}_u = 1365$ kcal für 1 m³ 0° 760 Gas
Generatorgas aus Koks mit $\mathfrak{W}_u = 1300$ kcal für 1 m³ 0° 760 Gas
Luft-Generatorgas aus Kohlenstoff mit $\mathfrak{W}_u = 1058$ kcal für 1 m³ 0° 760 Gas.

Hiermit ergeben sich die nachstehenden Feuergaswärmen:

1. $CO + \frac{1}{2}O_2$; Feuergas 1 m³ CO_2 je 1 m³ CO, $Q_f = 3020$ kcal/m³ 0° 760.
2. $CO + \frac{1}{2}O_2 + \frac{1}{2}\cdot\frac{79}{21}N_2$; Feuergas $1 + \frac{1}{2}\frac{79}{21} = 2{,}88$ m³ je 1 m³ CO, $Q_f = 1048$ kcal/m³ 0° 760.
3. $C + O_2$; Feuergas 22,4 m³ je 12 kg C, $Q_f = 4328$ kcal/m³ 0° 760.
4. $C + O_2 + \frac{1}{2}\frac{79}{21}N_2$; Feuergas $22{,}4\,(1 + \frac{79}{21})$ m³ je 12 kg C, $Q_f = 909$ kcal/m³ 0° 760.
5. $H_2 + \frac{1}{2}O_2$; Feuergas 1 m³ H_2O je 1 m³ H_2, $Q_f = 2598$ kcal/m³ 0° 760.
6. $H_2 + \frac{1}{2}O_2 + \frac{1}{2}\frac{79}{21}N_2$; Feuergas $1 + \frac{1}{2}\frac{79}{21} = 2{,}88$ m³ je 1 m³ H_2, $Q_f = 901$ kcal/m³ 0° 760.
7. $CH_4 + 2O_2$; Feuergas 3 m³ je 1 m³ CH_4, $Q_f = 2862$ kcal/m³ 0° 760.
8. $CH_4 + 2O_2 + 2\cdot\frac{79}{21}N_2$; Feuergas $3 + 2\cdot\frac{79}{21} = 10{,}53$ m³ je 1 m³ CH_4; $Q_f = 814$ kcal/m³ 0° 760.
9. $C_2H_6 + 3{,}5O_2 + 3{,}5\cdot\frac{79}{21}N_2$; Feuergas $5 + 3{,}5\cdot\frac{79}{21} = 18{,}15$ m³ je 1 m³ C_2H_6; $Q' = 832$ kcal/m³ 0° 760.
10. Erdöldestillate mit Luft: Feuergas 12,4 m³ je 1 kg Öl, $Q_f = 848$ kcal/m³ 0° 760.
11. Generatorgas aus Braunkohlenbriketts mit Luft: Feuergas 2 m³ je 1 m³ Gas, $Q_f = 683$ kcal/m³ 0° 760.
12. Generatorgas aus Koks mit Luft: Feuergas 1,83 m³ je 1 m³ Gas, $Q_f = 710$ kcal/m³ 0° 760.
13. Luftgeneratorgas aus Kohlenstoff: Feuergas 1,653 m³ je 1 m³ Gas, $Q_f = 638$ kcal/m³ 0° 760.

Hiermit ergeben sich nun aus den Wärmeaufnahmekurven, Abb. 24 bis 29, die nachstehenden (maximalen) Verbrennungstemperaturen.

b) Verbrennung bei konstantem Druck (1 at, 17°).

Aus Abb. 28 (und 42).

Kohlenstoff mit Luft[3] von 1 at: t . . . . . =	2110° C	$100\,\alpha = 17{,}0$ %
Kohlenoxyd mit Sauerstoff	2755° C	50,5 %
Luftgas mit Luft	1630° C	1,8 %
Kohlenstoff mit Sauerstoff[4]	3460° C	84,5 %

Aus Abb. 28a.

Kohlenoxyd mit Luft	2120° C	15,5 %

Aus Abb. 25.

Wasserstoff mit Luft von 1 at	2175° C	5,0 %
Wasserstoff mit Sauerstoff . . . . rd.	3220° C	rd. 30,0 %

[1] $\frac{192300}{22{,}4} = 8585.$

[2] Nach Hütte, 23. Aufl., 13900 kcal/m³ 15° 1 at.

[3] Für die Kohlenstoffstaub-Luft-Flamme. — Bei Verbrennung von festem Kohlenstoff im Brennstoffbett tritt eine Dissoziation von CO_2 nicht auf. Die Verbrennungstemperatur ist somit in diesem Falle durch die dissoziationsfreie Wärmeaufnahmekurve bedingt und die Verbrennungstemperatur steigt daher nach Abb. 24 bis 2280°.

[4] Für die Kohlenstoffstaub-Sauerstoff-Flamme. Bei Verbrennung im Kohlenstoffbett wegen der fehlenden Dissoziation von CO_2 bedeutend höhere Verbrennungstemperatur.

Aus Abb. 26.

Methan mit Luft von 1 at .	1960° C	$100\,\alpha_k = 10{,}5\,\%$	$100\,\alpha_w = 1{,}8\,\%$
Generatorgas aus Braunkohlenbriketts mit Luft .	1750° C	3,8 %	0,6 %
Methan mit Sauerstoff . . .	3030° C	81,0 %	22,0 %
Erdöldestillate mit Luft . .	2020° C	13,0 %	2,0 %

Aus Abb. 26a.

Erdöldestillate mit Luft von 32 at und 600° C (Dieselmotor)	2430° C	15,0 %	2,0 %

Ausdehnungsverhältnis:

$$\varepsilon\varepsilon' \frac{T_1}{T_0} = 1{,}07 \cdot 1{,}019 \cdot \frac{2430 + 273}{600 + 273} = 3{,}38.$$

c) **Verbrennung bei konstantem Volumen** (explosive Verbrennung).

1. Aus Abb. 28 folgt für Kohlenstoff mit Luft von

$$p_0 = 1\text{ at},\quad t_0 = 17^0;\quad t_1 = 2470^0,\quad 100\,\alpha = 25\,\%,$$
$$10\text{ at},\quad t_0 = 485^0;\quad t_1 = 2730^0,\quad 100\,\alpha = 28{,}5\,\%.$$

Bei Kohlenstoffstaubexplosion kann also der Druck höchstens im Verhältnis

$$\frac{p_1}{p_0} = \frac{273 + 2470}{273 + 17} \cdot \frac{1 + \frac{79}{21} + \frac{1}{2} \cdot 0{,}25}{1 + \frac{79}{21}} = 9{,}72$$

bzw.

$$\frac{p_1}{p_0} = \frac{273 + 2730}{273 + 485} \cdot \frac{1 + \frac{79}{21} + \frac{1}{2} \cdot 0{,}285}{1 + \frac{79}{21}} = 4{,}08$$

steigen, also im ersten Fall 9,72 at abs., im zweiten Fall 40,8 at abs. erreichen.

Aus Abb. 28a.

2. CO mit Luft von

$$1\text{ at},\quad 17^0;\quad t_1 = 2462^0,\quad 100\,\alpha = 20{,}5\,\%,$$
$$10\text{ at},\quad 485^0;\quad t_1 = 2740^0,\quad 100\,\alpha = 26{,}0\,\%.$$

Das Explosionsdruckverhältnis folgt aus

$$\frac{p_1}{p_0} = \varepsilon\varepsilon' \frac{T_1}{T_0}$$

mit

$$\varepsilon\varepsilon' = \frac{1 + \frac{1}{2} \cdot \frac{79}{21} + \frac{1}{2}\,\alpha}{1 + \frac{1}{2} + \frac{1}{2} \cdot \frac{79}{21}} = \frac{2{,}88 + \frac{1}{2}\,\alpha}{3{,}38}.$$

Daher

$$\frac{p_1}{p_0} = \frac{2{,}88 + 0{,}1025}{3{,}38} \cdot \frac{273 + 2462}{273 + 17} = 8{,}30,$$

bzw.

$$\frac{p_1}{p_0} = \frac{2{,}88 + 0{,}13}{3{,}38} \cdot \frac{273 + 2740}{273 + 485} = 3{,}53,$$

also im ersten Falle

$$p_1 = 8{,}30\text{ at abs.},$$

im zweiten

$$p_1 = 35{,}3\text{ at abs.}$$

Aus Abb. 28.

3. Luftgeneratorgas mit Luft,

$$1\text{ at},\quad 17^0;\quad t_1 = 1990^0,\quad 100\,\alpha = 5{,}5\,\%,$$
$$10\text{ at},\quad 485^0;\quad t_1 = 2270^0,\quad 100\,\alpha = 9{,}5\,\%.$$

Im ersten Fall wird mit

$$\varepsilon\varepsilon' = \frac{1 + \frac{79}{21} + \frac{1}{2}\alpha}{1 + \frac{1}{2} + \frac{79}{21}} = 0{,}91$$

$$\frac{p_1}{p_0} = 0{,}91 \cdot \frac{273 + 1990}{273 + 17} = 7{,}10,$$

$$p_1 = 7{,}1 \text{ at abs.}$$

Im zweiten Fall mit $\varepsilon\varepsilon' = 0{,}913$

$$\frac{p_1}{p_0} = 0{,}913 \cdot \frac{273 + 2270}{273 + 485} = 3{,}06,$$

$$p_1 = 30{,}6 \text{ at abs.}$$

Aus Abb. 29 folgt ferner:

4. Methan mit Luft,

1 at, 17°; $t_1 = 2380°$, $100\,\alpha_k = 22\,\%$, $100\,\alpha_w = 3{,}2\,\%$.

Mit $\varepsilon = 1$ und

$$\varepsilon' = \frac{3 + 2 \cdot \frac{79}{21} + \frac{1}{2} \cdot [\alpha_k + 2 \cdot \alpha_w]}{3 + 2 \cdot \frac{79}{21}} = \frac{10{,}52 + 0{,}142}{10{,}52} = 1{,}0135$$

$$\frac{p_1}{p_0} = \frac{273 + 2380}{273 + 17} \cdot 1{,}0135 = 9{,}27.$$

Demgegenüber fand Wheeler bei Explosionsversuchen mit Methan-Luft-Gemischen in zwei Kugelbomben von 4 und 16 l Inhalt die in Abb. 38 aufgetragenen Überdrücke, also einen größten Überdruck von 7 at $= 7 \cdot 1{,}033 = 7{,}23$ at, entsprechend einem absoluten Druck von $7{,}23 + 1{,}03 = 8{,}26$ at und einem Druckverhältnis $\frac{p_1}{p_0} = 8$. Dagegen würde sich mit $p_0 = 1{,}033$ nach der obigen Berechnung $9{,}27 \cdot 1{,}033 = 9{,}60$ at abs. ergeben. Der gemessene Druck ist also um $9{,}60 - 8{,}26 = 1{,}34$ at kleiner als der berechnete, und das Verhältnis des gemessenen Druckes zum berechneten ist $\frac{8{,}26}{9{,}60} = 0{,}86$. Da die Dissoziation in dem berechneten Druck berücksichtigt ist, so wird der Unterschied durch den Wärmeverlust während der Verbrennung verursacht. Über weiteres vgl. Abschnitt 17, e.

5. Äthan (C_2H_6) mit Luft von

1 at, 17°; $t_1 = 2380°$, $100\,\alpha_k = 25\,\%$, $100\,\alpha_w = 3{,}9\,\%$.

Mit $\varepsilon = 1{,}03$, $\varepsilon' = 1{,}015$ wird

$$\frac{p_1}{p_0} = 1{,}03 \cdot 1{,}015 \frac{273 + 2380}{273 + 17} = 9{,}56.$$

Dagegen fand Wheeler bei Explosionsversuchen in der Kugelbombe mit Äthan-Luft-Gemischen einen größten Überdruck von 7,63 At und daher ein Druckverhältnis

$$\frac{p_1}{p_0} = 8{,}63.$$

Der Druckverlust durch Wärmeabgabe während der Verbrennung betrug daher $9{,}56 - 8{,}63 = 0{,}93$ at, und das Verhältnis des wirklich

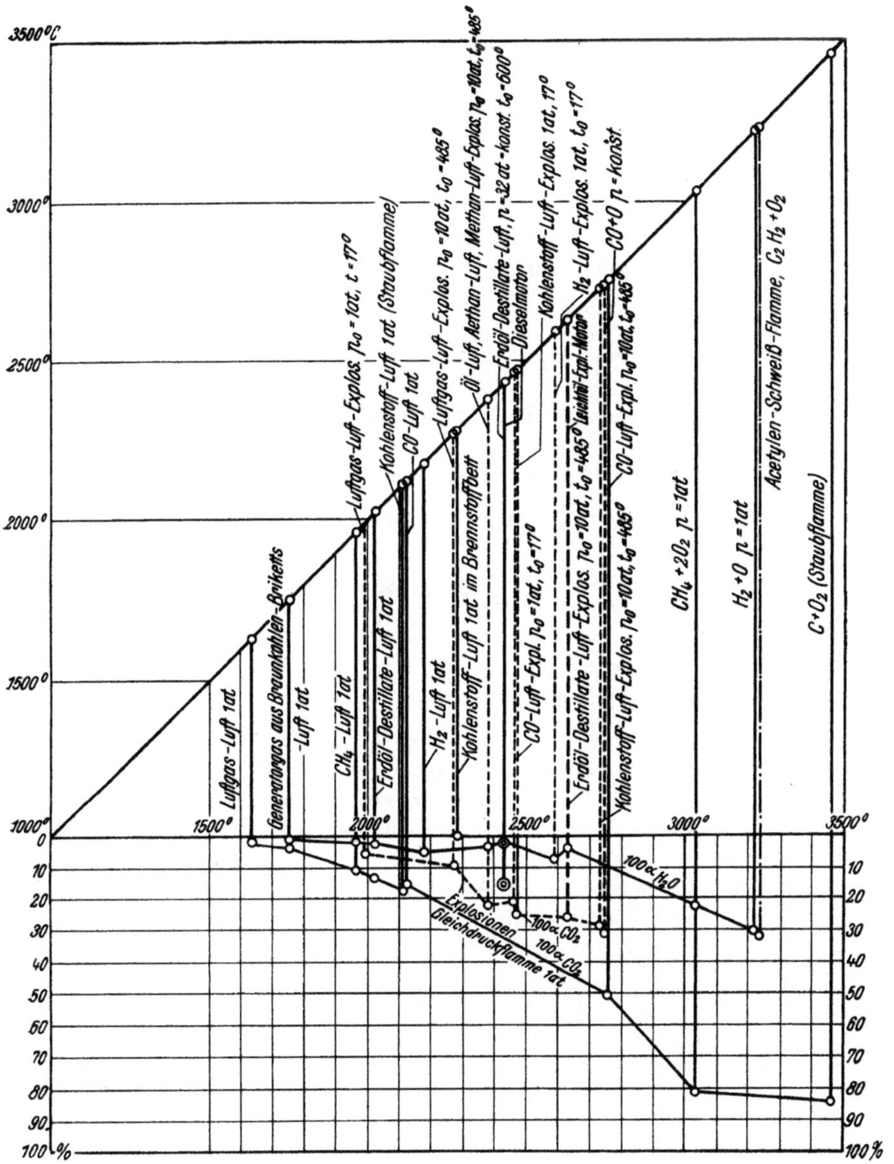

Abb. 30 a.

erreichten zum berechenbaren, verlustfreien Druck

$$\frac{8,63}{9,56} = 0,903.$$

Der Druckverlust ist also etwas kleiner als bei den Methanexplosionen.

6. Öl (Erdöldestillate) mit Luft von

$$1 \text{ at}, \quad 17^0; \quad t_1 = 2380^0, \quad 100\,\alpha_k = 20,5\,\%, \quad 100\,\alpha_w = 2,9\,\%.$$

Mit $\varepsilon = 1{,}07$, $\varepsilon' = 1{,}036$ wird

$$\frac{p_1}{p_0} = 1{,}07 \cdot 1{,}036 \cdot \frac{273 + 2380}{273 + 17} = 10{,}14,$$

als merkbar größer als bei den Methan-, Äthan- und Kohlenstoffstaubexplosionen.

Aus Abb. 29.

7. Öl (Erdöldestillate) mit Luft von

$$10\text{ at}, \quad 485^0 \quad (\text{Ölexplosionsmotor}):$$

$$t_1 = 2630^0, \quad 100\,\alpha_k = 26\,\%, \quad 100\,\alpha_w = 3{,}7\,\%.$$

Mit $\varepsilon = 1{,}07$, $\varepsilon' = 1{,}028$ wird

$$\frac{p_1}{p_0} = 1{,}07 \cdot 1{,}028 \cdot \frac{273 + 2630}{273 + 485} = 4{,}21.$$

Der verlustfreie Explosionsdruck würde hiernach 42,1 at abs. betragen.

Aus Abb. 28 b.

8. Wasserstoff (H_2) mit Luft von

$$1\text{ at}, \quad 17^0; \quad t_1 = 2590^0, \quad 100\,\alpha = 7{,}1\,\%,$$

also mit $\varepsilon = 0{,}852$, $\varepsilon' = 1{,}0106$

$$\frac{p_1}{p_0} = 0{,}852 \cdot 1{,}0106 \cdot \frac{273 + 2590}{273 + 17} = 8{,}50$$

und

$$\frac{T_1}{T_0} = \frac{273 + 2590}{273 + 17} = 9{,}87.$$

Der letztere Wert ist in Abb. 34 zum Vergleich mit den bei den verschiedenen Explosionsversuchen mit gleichem Wasserstoffgehalt der Ladung wirklich erreichten Temperaturverhältnissen eingetragen.

9. Reihenfolge der Verbrennungstemperaturen und Dissoziationsgrade.

Die in den vorhergehenden Abschnitten berechneten Verbrennungstemperaturen und Dissoziationsgrade sind in Abb. 30 a so aufgetragen, daß ihre Reihenfolge im Sinne der steigenden Temperatur ersichtlich wird. Die Verbrennungstemperaturen sind als Abszissen und gleichzeitig als Ordinaten nach oben aufgetragen, während die Dissoziationsgrade als Ordinaten nach unten aufgetragen sind. Die Gleichdruckverbrennungen sind mit ausgezogenen Ordinaten, die explosiven Verbrennungen mit gestrichelten Ordinaten eingetragen. In gleicher Weise sind diese beiden Fälle bei der Dissoziation unterschieden. Die Endpunkte der Ordinaten von $100\,\alpha_{CO_2}$ sind untereinander verbunden, desgleichen diejenigen von α_{H_2O}.

17. Berechnung der Verbrennungstemperaturen im dissoziationsfreien Gebiet. Vergleich mit den Ergebnissen der Explosionsversuche.

a) Übersicht. Wenn die Zusammensetzung des Feuergases bekannt ist, so lassen sich die dissoziationsfreien Werte von Q_p und Q_v mit Hilfe der in den Zahlentafeln I, II, III enthaltenen Werte von $\mathfrak{J}$ und $\mathfrak{U}$ für beliebige Temperaturen einfach ausrechnen, indem man für jeden Bestandteil so viel Bruchteile von $\mathfrak{J}$ bzw. $\mathfrak{U}$ ansetzt, als er Raumteile im Feuergas einnimmt. In dieser Weise sind in Abb. 31, 33, 35 und 37 für die Feuergase von H_2, CO, CO + H_2 und CH_4 mit überschüssiger Luft die dissoziationsfreien Werte von Q_v berechnet und als Ordinaten zu den Temperaturen als Abszissen aufgetragen. Jede Abbildung enthält vier Kurven für verschieden großen Luftüberschuß, wobei jedoch nicht die Luftüberschüsse selbst, sondern die räumlichen Gehalte der unverbrannten Ladungen an dem jeweiligen brennbaren Gas angegeben sind; bei CO, H_2 und CO + H_2 (Wassergas) die Raumgehalte 0,10, 0,15, 0,20, 0,25 (ohne Luftüberschuß 0,296), und bei CH_4 für 0,06, 0,07, 0,08, 0,09 Raumteile Methan (ohne Luftüberschuß 0,095).

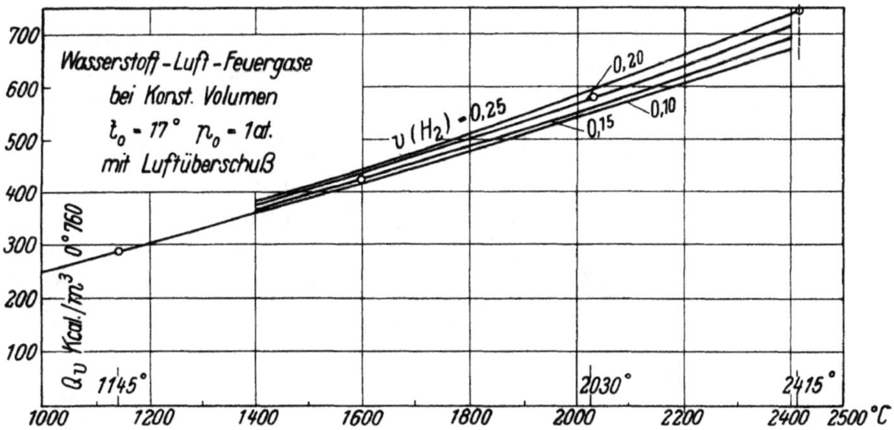

Abb. 31.

Diese Brennstoffe sind gewählt, weil die wichtigsten Explosionsversuche mit ihnen ausgeführt wurden. Der Vergleich der berechneten, verlustfreien Explosionsdrücke oder Explosionstemperaturen mit den Versuchswerten ergibt dann einerseits eine Probe auf die im vorstehenden hergeleiteten Werte der inneren Energie und ermöglicht andererseits einen Einblick in die Größe der Druck- und Temperaturverluste bei den einzelnen Versuchsgruppen.

b) H_2 mit überschüssiger Luft (Abb. 31). Zu den Raumgehalten der Ladung

$$\mathfrak{v}(H_2) = 0{,}10 \qquad 0{,}15 \qquad 0{,}20 \qquad 0{,}25 \qquad (0{,}296)$$

gehören die Raumgehalte des Feuergases

$$\mathfrak{v}(H_2O) = 0{,}105 \qquad 0{,}162 \qquad 0{,}222 \qquad 0{,}286 \qquad (0{,}347)$$
$$\mathfrak{v}(N_2 + O_2) = 0{,}895 \qquad 0{,}838 \qquad 0{,}778 \qquad 0{,}714 \qquad (0{,}653)$$

und die Raumverhältnisse von Feuergas und Ladung

$$\varepsilon = \frac{\mathfrak{v}(H_2)}{\mathfrak{v}(H_2O)} = 0{,}95 \qquad 0{,}925 \qquad 0{,}90 \qquad 0{,}875 \qquad (0{,}853)\,.$$

Die Feuergaswärme von 1 m³ 0° 760 beträgt mit der theoretischen

Luftmenge 901 kcal, daher für die obigen Fälle mit $Q_f = 901 \cdot \frac{\mathfrak{v}(H_2O)}{\mathfrak{v}(H_2O)_{max}}$

$$Q_f = 282 \qquad 420 \qquad 575 \qquad 740 \qquad (901)\ \text{kcal/m}^3.$$

Für 17° Anfangstemperatur mit rd. 4 kcal/m³ innerer Energie wird daher für die Verbrennungstemperaturen

$$Q_v = 286 \qquad 424 \qquad 579 \qquad 744 \qquad (905)$$

Diese Werte ergeben in Abb. 31 die nachstehenden Verbrennungstemperaturen:

$$t_1 = 1145 \qquad 1600 \qquad 2030 \qquad 2415^0\ \text{C}$$
$$T_1 = 1418 \qquad 1873 \qquad 2303 \qquad 2688^0\ \text{C abs. und daher}$$
$$\frac{T_1}{T_0} = 4{,}89 \qquad 6{,}47 \qquad 7{,}95 \qquad 9{,}26.$$

In Abb. 32 sind nun die wichtigsten Explosionsversuche von Pier, Siegel, Bjerrum und Langen mit H_2 aufgetragen, und zwar die Werte $\mathfrak{v}(H_2)$ als Abszissen, $\frac{T_1}{T_0}$ als Ordinaten, und in die gleiche Abbildung sind auch die berechneten dissoziationsfreien Werte von $\frac{T_1}{T_0}$ eingetragen. Wie ersichtlich, schmiegt sich die letztere Kurve eng an die fast dissoziationsfreien Kurven von Pier und Siegel für 1 und 2 at Anfangsdruck an, verläuft aber noch oberhalb derselben.

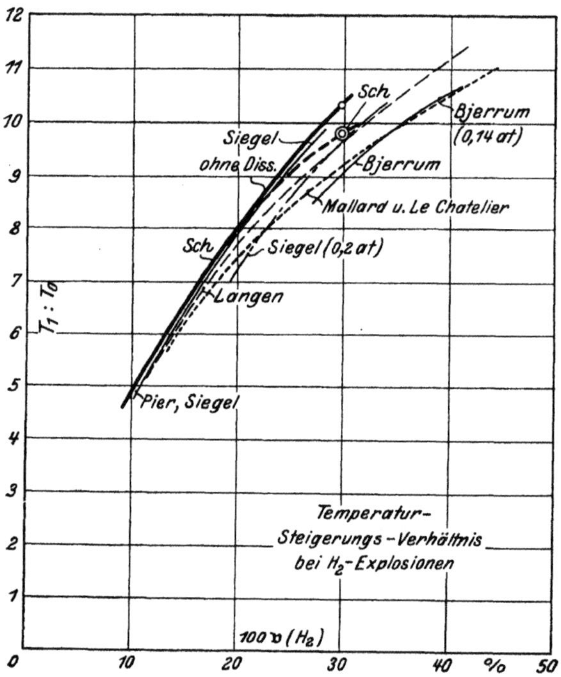

Abb. 32.

Daraus ist zu schließen, daß die durch die äußeren Wärmeverluste verursachten Druck- und Temperaturverluste dieser Versuche bei den Mischungen von etwa 12—15% H_2 an sehr gering sind. Sie liegen in der Größenordnung von 0,1—0,2 Ordinateneinheiten bei Werten von $\frac{T_1}{T_0}$ zwischen etwa 6 und 8,5, erreichen also 3—1,2% der verlust- und dissoziationsfreien Beträge. Dagegen verlaufen die Versuche von Siegel und Bjerrum mit niedrigem Anfangsdruck von 0,2—0,14 at abs., bei denen die Dissoziation absichtlich verstärkt ist, erheblich unterhalb der verlust- und dissoziationsfreien Kurve, wie es sein muß.

Der weiter oben unter Berücksichtigung der Dissoziation berechnete Wert von $\frac{T_1}{T_0} = 9{,}87$ für die Mischung mit der theoretischen Luftmenge liegt in der Nähe der Werte der Langenschen, unter unbehinderter Dissoziation verlaufenden, Versuche, während die Mallardschen Werte noch tiefer liegen. Die verlustfreie, aber unter eingeschränkter Dissoziation verlaufende, Kurve bei wachsendem Luftüberschuß erhält man durch stetige Verbindung des Punktes 9,87 mit der dissoziationsfreien berechneten Kurve, in die sie bei höherem Luftüberschuß übergeht. Von dieser Kurve weichen die Langenschen Werte bei $\frac{T_1}{T_0} = 8$ um etwa 0,2, bei $\frac{T_1}{T_0} = 9$ bis 10 um etwa 0,3, bei $\frac{T_1}{T_0} = 6$ um etwa 0,2 Ordinateneinheiten ab, so daß die Temperaturverluste etwa 2,5—3,5 % betragen. Dabei ist zu beachten, daß die Versuchswerte von Langen selbst bereits auf Druckverluste berichtigt wurden, und zwar bei $\mathfrak{v}\,(H_2) > 0{,}3$ mit 10—11 %, bei $\mathfrak{v}\,(H_2) < 0{,}3$ mit 4—5 %, so daß bei den Versuchen selbst Temperatur- und Druckverluste von etwa 13 % bei den scharfen Gemischen und 8 % bei den schwächeren Gemischen entstanden.

c) CO mit überschüssiger Luft. In gleicher Weise wie für H_2 unter b wurden die dissoziationsfreien Werte der Verbrennungstemperatur

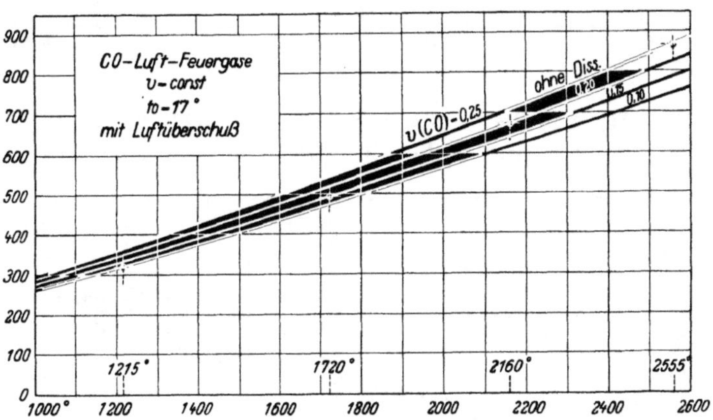

Abb. 33.

aus Abb. 33 bestimmt für Luftmischungen mit $\mathfrak{v}\,(CO) = 0{,}1$ bis 0,25. Mit Hilfe dieser Werte wurden die Druckverhältnisse $\frac{p_1}{p_0}$ unter Berücksichtigung der Werte von ε berechnet und in Abb. 34 als Ordinaten zu $\mathfrak{v}\,(CO)$ als Abszissen aufgetragen (Sch.). In die gleiche Abbildung wurden auch die Pierschen und Bjerrumschen Versuchswerte eingetragen, sowie der weiter oben mit Rücksicht auf die Dissoziation berechnete Wert für $\mathfrak{v}\,(CO) = 0{,}296$ (theoretische Luftmenge) und die unter eingeschränkter Dissoziation verlaufende (stark gestrichelte) Kurve mit überschüssiger Luft. Man erkennt, daß die berechnete dissoziationsfreie Kurve die obere Grenze der Versuchswerte bildet, wie es sein muß, da ein Teil der Versuche mit absichtlich eingeschränkter Dissoziation, ein anderer mit verstärkter Dissoziation durchgeführt ist.

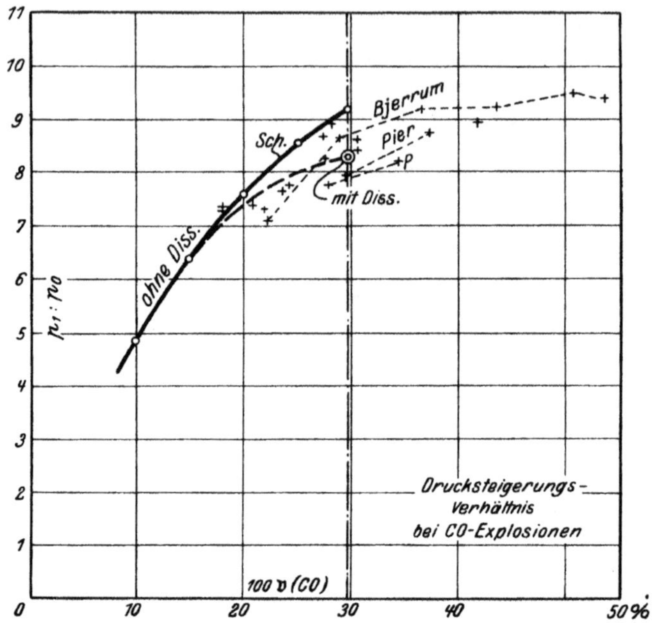

Abb. 34.

d) $CO + H_2$ mit überschüssiger Luft. In Abb. 35 sind in gleicher Weise wie unter b und c die dissoziations- und verlustfreien Werte

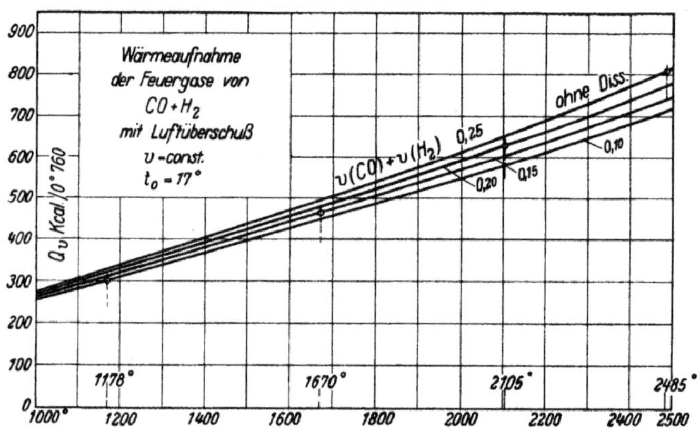

Abb. 35.

der Verbrennungstemperaturen bestimmt. Daraus wurden die in Abb. 36 als Ordinaten zu $\mathfrak{v}$ (CO) + $\mathfrak{v}$ (H_2) als Abszissen aufgetragenen Werte von $\frac{p_1}{p_0}$ berechnet. In die gleiche Abbildung wurde auch die große Langensche Versuchsreihe mit diesen Mischungen eingetragen.

Bei dem Vergleich ist zu beachten, daß die Langenschen Werte bereits mit einer Druckkorrektion für den Wärmeverlust versehen sind, die bei Werten von $\mathfrak{v}\,(CO) + \mathfrak{v}\,(H_2)$ zwischen 0,16 und 0,28 durchschnittlich 3—4%, bei den kleineren Werten 12—15% beträgt. Die in Abb. 36 eingetragene mittlere Langensche Kurve zeigt noch einen Druckverlust von 0,2 Einheiten bei $\mathfrak{v}\,(CO) + \mathfrak{v}\,(H_2) < 0{,}15$ und von 0,25 bis 0,4 Einheiten bei den schärferen Mischungen, entsprechend verhältnismäßigen Druckverlusten von etwa 3—5%. Die durch den Wärmeverlust bedingten Druckverluste betrugen somit bei diesen Langenschen Versuchen im unteren Gebiet etwa 15 bis 18%, im oberen 6—9%.

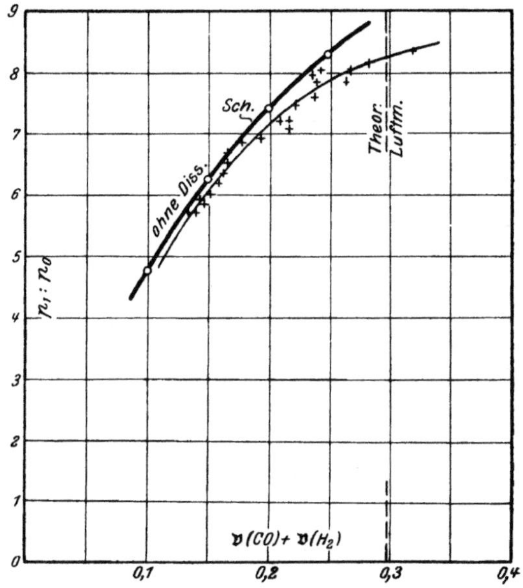

Abb. 36.

e) CH_4 mit überschüssiger Luft. In Abb. 37 sind die in gleicher Weise wie oben ermittelten dissoziationsfreien Wärmekurven $Q_{\mathfrak{v}}$ für $\mathfrak{v}\,(CH_4) = 0{,}06$, 0,07, 0,08 und 0,09 und die daraus bestimmten zugehörigen Verbrennungstemperaturen auf-

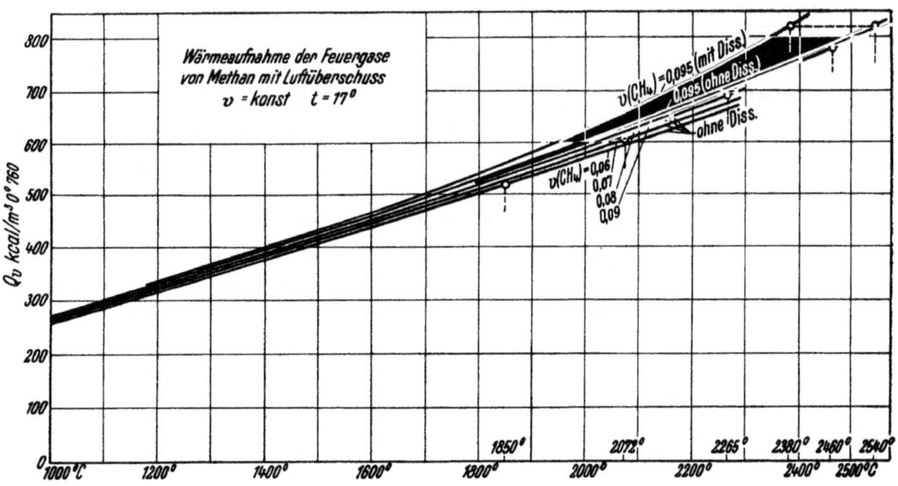

Abb. 37.

getragen; in Abb. 38 zu $\mathfrak{v}\,(CH_4)$ als Abszissen die hieraus ermittelten Drucksteigerungen, jedoch wegen des Vergleichs mit den Versuchsergebnissen von Wheeler nicht die Werte $\frac{p_1}{p_0}$, sondern die Überdrücke $p_1 - p_0$. Auch der weiter oben für die theoretische Methan-Luft-Mischung berechnete Überdruck (mit Rücksicht auf die Dissoziation) ist eingetragen.

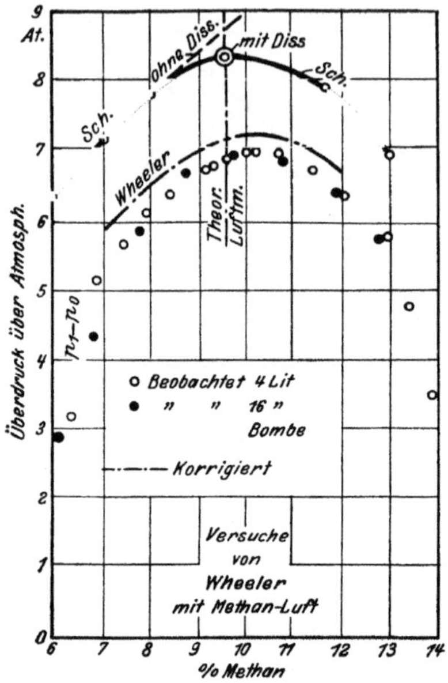

Abb. 38.

Außerdem sind nun die Versuchswerte von Wheeler an zwei Bomben von 4 und 16 l Inhalt eingetragen und die von Wheeler mit Rücksicht auf die Wärmeverluste korrigierte mittlere Kurve der Überdrücke. Man erkennt, daß die wirklichen Druckverluste erheblich größer sein werden, als dieser Korrektion entspricht, und bei den schwachen Mischungen bis 3,5 at, bei den schärferen etwa 1,5 at betragen. Diese Druckverluste, die mit etwa 20 % der verlustfreien Beträge bei scharfen Mischungen, mit mehr als 50 % bei den schwächsten Mischungen erheblich größer sind als bei den H_2- und $H_2 + CO$-Luftgemischen, erklären sich aus der viel längeren Verbrennungszeit der Methanmischungen.

18. Das Temperaturgebiet zwischen 3000° und 4000° C.

a) Die Werte von $\mathfrak{U}$, $\mathfrak{J}$, $\mathfrak{W}_p$, K_p und K_{p_w}. Die Verbrennungstemperaturen von Kohlenstoff, Wasserstoff und Azetylen (auch Methan) mit reinem Sauerstoff liegen oberhalb 3000°. Um diese Temperaturen in gleicher Weise ermitteln zu können, wie oben die Temperaturen unterhalb 3000°, muß man die Werte von $\mathfrak{U}$, $\mathfrak{J}$, $\mathfrak{W}_p$ und K_p, K_{p_w} für dieses Gebiet bestimmen. Dies ist zunächst nur möglich, indem man die oben gewonnenen Beziehungen für die spez. Wärmen, die nur bis etwa 3000° C durch Versuche gedeckt sind, bis 4000° extrapoliert. Man erhält so wenigstens angenäherte Werte für dieses Gebiet. In der Zahlentafel IV (Anhang) sind die so gewonnenen Hauptwerte enthalten; in Abb. 39 sind die Werte von $\mathfrak{U}$ und $\mathfrak{J}$ als Ordinaten zu den Temperaturen als Abszissen aufgetragen, und zwar von 2500° aufwärts bis 4000° C. In Abb. 40 sind ferner die Werte von $\log K_p$ (für CO_2 und H_2O) als Ordinaten zu den Temperaturen von 2500° aufwärts als Abszissen aufgetragen; in der gleichen Abbildung links die Werte der Dissoziationsfunktion

$$\log \frac{\alpha^3}{(1-\alpha)^2 \cdot (\varphi + \alpha)}$$

für die Werte $\varphi = 2$ (reine CO_2 und H_2O) und $\varphi = 2{,}5$ bis 3 (Azetylen, siehe unten), als Ordinaten zu den Dissoziationsgraden $100\,\alpha$ als Abszissen. Aus dieser Abbildung lassen sich auf die gleiche Weise wie früher aus Abb. 20 die Dissoziationsgrade für beliebige, durch Temperatur und Druck gegebene Zustände bestimmen.

b) Wärmeaufnahme und Dissoziation des Azetylen-Sauerstoff-Feuergases für vollständige Verbrennung. Zur vollständigen Verbrennung von 1 Raumteil Azetylengas sind 2,5 Raumteile reiner Sauerstoff erforderlich und es entstehen 2 Raumteile Kohlensäure und 1 Raumteil Wasserdampf im dissoziationsfreien Zustand, d. h. nachdem das Feuergas ausreichend tief unter die mit hoher Dissoziation verbundene verlustfreie Verbrennungstemperatur abgekühlt ist. Es handelt sich um die Ermittlung der Verbrennungstemperatur bei Verbrennung unter dem konstanten atmosphärischen Druck und um den hierbei auftretenden Dissoziationsgrad des Wasserdampfs und der Kohlensäure.

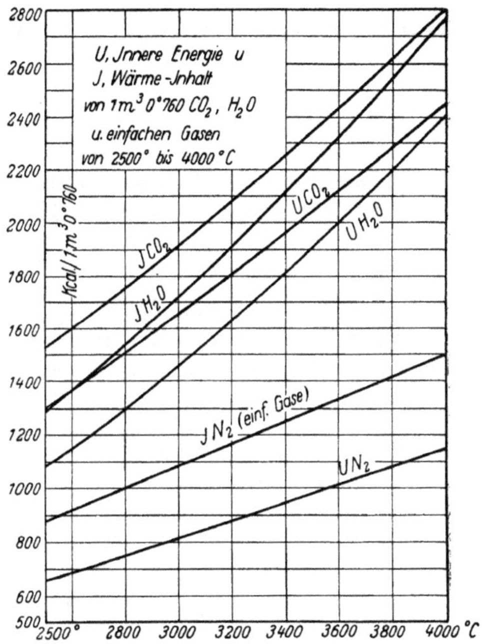

Abb. 39.

Bemerkt sei, daß bei der Azetylen-Sauerstoff-Schweißflamme dieser Fall im Innenkegel der Flamme nicht vorliegt, da hierbei dem Azetylen nur etwa 1 Raumteil O_2 beigemischt wird, also unvollständige Verbrennung vorliegt, die einer anderen Behandlung bedarf als die vollständige (Abschnitt 23).

Die vollständige Verbrennung folgt der Reaktion

$$C_2H_2 + 2{,}5\,O_2 = 2\,CO_2 + H_2O\,,$$

es ist also

$$h = \frac{H_2O}{CO_2} = \frac{1}{2}\,; \qquad b = 0 \quad \text{(d. h. kein Stickstoff)};$$

ferner die Raumanteile im dissoziationsfreien Feuergas

$$\mathfrak{v}\,(H_2O) = \tfrac{1}{3}\,, \qquad \mathfrak{v}\,(CO_2) = \tfrac{2}{3}\,,$$

und weiter

$$\varphi\,(h, b) = \frac{2\,(1+h)}{1 + h\cdot\frac{\alpha_w}{\alpha_k}} = \frac{6}{2 + \frac{\alpha_w}{\alpha_k}}\,,$$

daher

$$K_{p\,CO_2} = p\cdot\frac{\alpha_k^3}{(1-\alpha_k)^2\cdot\left[\frac{6}{2+\frac{\alpha_w}{\alpha_k}} + \alpha_k\right]}\,.$$

Die Näherungswerte von $\frac{\alpha_w}{\alpha_k} = \frac{1}{K_{p_w}}$ liegen zwischen 2000° und 4000° C in den Grenzen von $\frac{1}{4}$ bis $\frac{1}{15}$, die wahren Werte von $\frac{\alpha_w}{\alpha_k}$ in wesentlich engeren Grenzen. Der Wert

$$\frac{6}{2 + \frac{\alpha_w}{\alpha_k}}$$

liegt also äußersten Falles in den Grenzen von etwa 2,7 und 2,9. In Abb. 40 sind daher links die beiden Kurven für

$$\varphi = 2{,}5 \quad \text{und} \quad 3$$

eingetragen, mit deren Hilfe die Dissoziationsgrade α_k in der früher gezeigten Weise ermittelt wurden. Man erhält so die in der folgenden Zahlentafel 13 eingetragenen Werte von α_k und die daraus hervorgehenden genaueren Werte von $\frac{\alpha_k}{\alpha_w} = K_{p_w} - \alpha_k (K_{p_w} - 1)$ und hiermit die Werte α_w. Die eingeklammerten Werte in der Zahlentafel sind die ersten Näherungswerte.

Zahlentafel 13.

t	$K_{p_w} = \left(\frac{\alpha_k}{\alpha_w}\right)$	$100\,\alpha_k$	$\frac{\alpha_k}{\alpha_w}$	$100\,\alpha_w$
1200	2,90	0,04	2,90	0,013
1400	4,12	0,226	4,10	0,055
1600	5,20	1,0	5,16	0,194
1800	6,12	3,1	5,96	0,52
2000	7,00	7,8	6,53	1,20
2200	7,80	16,0	6,71	2,39
2400	8,62	28,0	6,48	4,32
2600	9,32	43,0	5,75	7,48
2800	10,00	57,0	4,30	13,25
3000	10,50	69,0	3,75	18,65
3200	11,12	78,3	3,19	24,5
3400	11,90	84,2	2,64	31,9
3600	12,85	88,4	2,38	37,3
		(89,0)	(2,23)	(39,9)
3800	13,79	91,0	2,18	41,7
		(92,0)	(2,01)	(45,7)
4000	15,05	93,0	2,00	46,5
		(94,5)	(1,77)	(53,4)

In Abb. 41 sind diese Werte von $100\,\alpha_k$ und $100\,\alpha_w$ als Ordinaten nach unten zu den Temperaturen als Abszissen aufgetragen (in zwei Maßstäben).

Die Wärmeaufnahme bei dem konstanten Druck von 1 at ist

$$Q_p = \tfrac{2}{3}\,\mathfrak{J}_{CO_2} + \tfrac{1}{3}\,\mathfrak{J}_{H_2O} - \alpha_k \cdot \tfrac{2}{3} \cdot (\mathfrak{J}_{CO_2} - 1{,}5\,\mathfrak{J}_{2\,\mathrm{atom}}) + \alpha_k \cdot \tfrac{2}{3} \cdot \mathfrak{W}_{m\,CO_2}$$
$$- \alpha_w \cdot \tfrac{1}{3} \cdot (\mathfrak{J}_{H_2O} - 1{,}5\,\mathfrak{J}_{2\,\mathrm{atom}}) + \alpha_w \cdot \tfrac{1}{3} \cdot \mathfrak{W}_{m\,H_2O}\,.$$

Die darin enthaltenen Dissoziationswärmen $\mathfrak{W}_m$ sind aus Abb. 41 ermittelt, indem die Werte $\mathfrak{W}_p$ für CO_2 und H_2O als Abszissen (nach links) zu den Dissoziationsgraden als Ordinaten aufgetragen wurden.

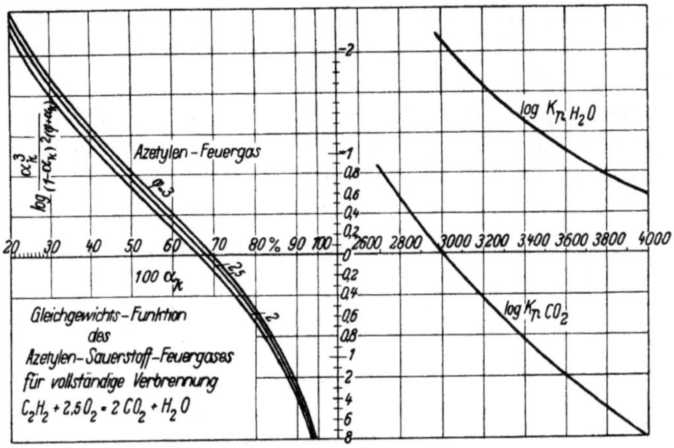

Abb. 40.

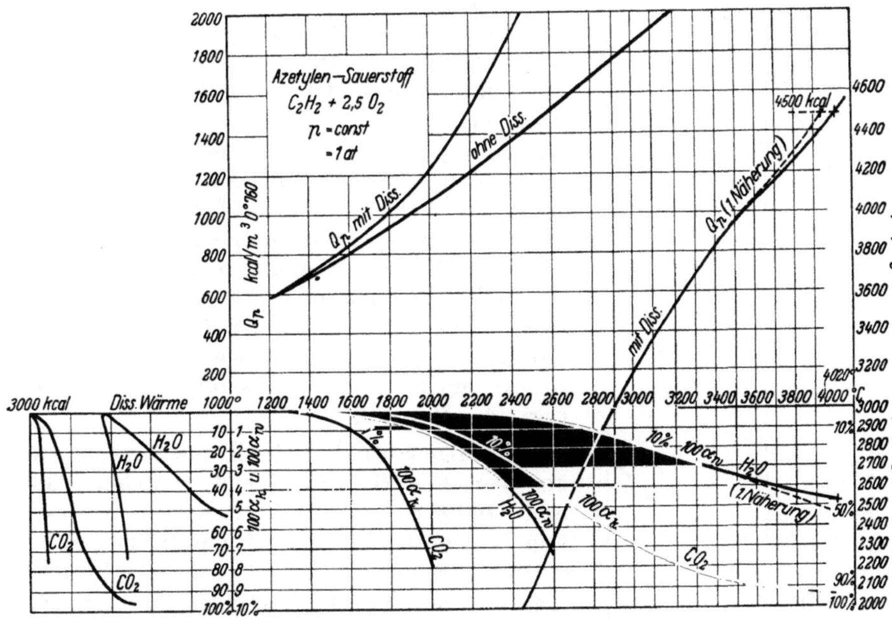

Abb. 41.

Aus diesen beiden Kurven ergaben sich die Mittelwerte $\mathfrak{W}_m$ wie früher. Mit diesen und den Werten von α_k und α_w wurden die Werte von Q_p für die Temperaturen von 1200° bis 4000° berechnet und in Abb. 41 als Ordinaten nach oben abgetragen. Auch die dissoziationsfreien Wärmeinhalte sind bis 3000° eingetragen. Die Dissoziation wird also erst von 1400° an bemerkbar. Bei 2900° erreicht die wirkliche Wärmeaufnahme rd. 3000 kcal/m³ 0°760 gegenüber nur 1850 kcal ohne Dissoziation. Von 2900° aufwärts bis 4000° sind die Werte Q_p im gleichen Maßstab, aber mit 3000 kcal auf der Abszissenachse beginnend, nach oben aufgetragen. Bei 4000° C erreicht die wirkliche Wärmeaufnahme rd. 4500 kcal/m³ mit 93 % Dissoziation der Kohlensäure und 46,5 % des Wasserdampfs.

Die Wärmetönung von 1 Mol C_2H_2 wurde mit 312870 kcal (Mittel aus 315400, 313500 und 309700) angenommen, woraus für gasförmiges Feuergas die (untere) Wärmetönung $312870 - 18 \cdot 553 = 302870$ (für konstantes Volumen) folgt. Daraus folgt die Feuergaswärme je 1 Mol Feuergas $\frac{302870}{3} = 100960$ und je 1 m³ 0°760

$$Q_f = \frac{100960}{22{,}4} = 4500 \text{ kcal/m}^3\ 0^0\ 760 .$$

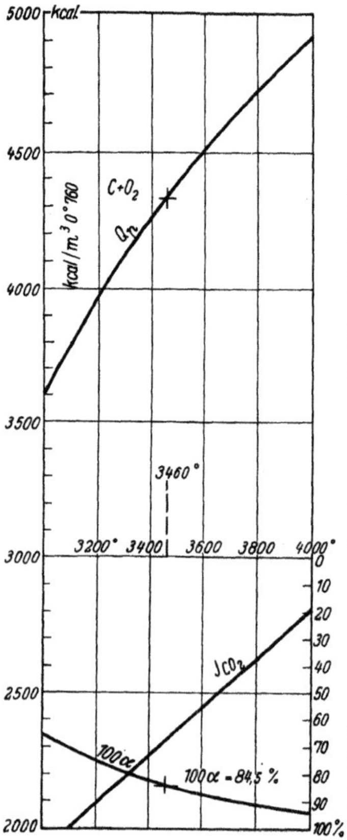

Abb. 42.

Für konstanten Druck ist Q_f sogar noch etwas größer wegen der Volumenkontraktion. Damit ergibt sich aus Abb. 41 eine Verbrennungstemperatur von 4020° C.

Zu bemerken ist hierzu noch, daß außer der Dissoziation von CO_2 und H_2O sehr wahrscheinlich noch eine weitere Dissoziation des durch Dissoziation von H_2O entstandenen Wasserstoffs (H_2) in die Atome auftritt. Dadurch wird eine weitere Wärmemenge in Anspruch genommen und die Wärmeaufnahmekurve erhöht. Die Folge muß eine Senkung der Verbrennungstemperatur unter den obigen Wert von 4020° C sein, der also eine obere Grenze darstellt. Dies ist im Einklang mit den Messungen der Temperatur der Azetylenschweißflamme, die sich durch weitere Sauerstoffzufuhr nicht über rd. 3100° steigern ließ (vgl. Abschnitt 23).

c) Wärmeaufnahme der Kohlensäure (Feuergas von $C + O_2$) im Gebiet zwischen 3000° und 4000° C. Die Verbrennungstemperatur von Kohlenstoff mit der theoretischen Sauerstoffmenge liegt, wie sich aus Abschnitt 14 ergab, weit über 3000°, auch wenn überschüssiger Kohlenstoff nicht vorhanden ist, also die Kohlensäure sehr erheblich dissoziiert. Aus diesem Grunde ist die Wärmeaufnahme und die Dissoziation der Kohlensäure (bei 1 at Druck) auch in diesem Gebiet auf Grund der obigen Wärmewerte ermittelt worden, wie Abb. 42 zeigt. Die Hauptwerte sind in der beigefügten Tabelle 14 enthalten. Die Wärmeaufnahme ist berechnet nach

Zahlentafel 14.

t °C	$\mathfrak{J}_{CO_2}$	100 α	$\mathfrak{W}_m$	Q_{diss}	Q_p
3000	1922	66,2	2830	1671	3593
3200	2088	75,4	2810	1860	3948
3400	2262	83,0	2800	2000	4262
3600	2442	88,0	2790	2065	4507
3800	2625	91,0	2780	2080	4705
4000	2811	93,5	2770	2120	4931

$$Q_p = \mathfrak{J}_{CO_2} + \alpha[\mathfrak{W}_m - (\mathfrak{J}_{CO_2} - 1{,}5\,\mathfrak{J}_{O_2})],$$

wobei das zweite Glied rechts in der Zahlentafel mit Q_{diss} bezeichnet ist.

Die Feuergaswärme wurde früher ermittelt zu

$$Q_f = 4328 \text{ kcal/m}^3\, 0^0 760,$$

womit sich bei 17° Anfangstemperatur (mit 7 kcal Wärmeinhalt) $Q_p = 4335$ kcal bei verlustfreier Verbrennung ergibt. Abb. 42 ergibt hiermit eine Verbrennungstemperatur von 3460° C bei einem Dissoziationsgrad von 84,5%.

IV. Unvollständige Verbrennung.

19. Berechnung der Zusammensetzung der Feuergase auf Grund des Wassergasgleichgewichts.

Wird einer gegebenen Brennstoffmenge weniger Sauerstoff zugeführt, als zur vollständigen Verbrennung mindestens erforderlich ist, so tritt unvollständige Verbrennung ein. Enthält 1 kg Brennstoff C kg Kohlenstoff, H kg Wasserstoff und O kg Sauerstoff, so ist die theoretische Sauerstoffmenge

$$O_0 = \left(\frac{C}{12} + \frac{H}{4} - \frac{O}{32}\right) \cdot 22{,}4 \ (\text{m}^3\ 0^0\ 760).$$

Wird diese Sauerstoffmenge verwendet, so enthält das Feuergas $22{,}4\,\frac{C}{12}$ m³ CO_2 und $22{,}4\,\frac{H}{2}$ m³ H_2O, neben etwaigen inerten Bestandteilen (z. B. N_2). Auf je 1 m³ CO_2 enthält also das Feuergas bei vollständiger Verbrennung

$$h = 6\,\frac{C}{H} \text{ m}^3 \text{ Wasserdampf.} \tag{1}$$

Wird nun weniger Sauerstoff als O_0 zugeführt, etwa

$$O = n \cdot O_0 \quad \text{mit} \quad n < 1,$$

so enthält das Feuergas neben CO_2 und H_2O auch CO und H_2; es ist also nach dem Schema zusammengesetzt:

$$\mathfrak{v}(CO_2) + \mathfrak{v}(H_2O) + \mathfrak{v}(CO) + \mathfrak{v}(H_2) + \mathfrak{v}(N_2) = 1. \tag{2}$$

Neben diesen Bestandteilen können auch noch andere brennbare Gase im Feuergas enthalten sein, z. B. CH_4 oder fester, staubförmiger

Kohlenstoff. Davon wird jedoch im folgenden abgesehen. Das durch Gl. 2 dargestellte Feuergas ist das normale Produkt der unvollständigen Verbrennung und ist chemisch als Wassergasgemisch aufzufassen. Es unterliegt dem Wassergasgleichgewicht[1]. Im Zustand des chemischen Gleichgewichts reagieren die 4 Bestandteile CO_2, H_2O, CO und H_2 untereinander gemäß der Gleichung

$$CO + H_2O = CO_2 + H_2$$

und zu jeder Temperatur gehört eine bestimmte Beziehung der 4 Raumbestandteile bzw. deren Teildrücke, die durch die Gleichung

$$\frac{\mathfrak{v}(CO) \cdot \mathfrak{v}(H_2O)}{\mathfrak{v}(CO_2) \cdot \mathfrak{v}(H_2)} = \frac{p_{CO} \cdot p_{H_2O}}{p_{CO_2} \cdot p_{H_2}} = K_{p_w} \tag{3}$$

dargestellt wird. K_{p_w} ist die Gleichgewichtskonstante der Wassergasreaktion (Abschnitt 12).

Die Werte $\mathfrak{v}(CO)$, $\mathfrak{v}(CO_2)$ und $\mathfrak{v}(H_2)$, $\mathfrak{v}(H_2O)$ unterliegen nun der weiteren Bedingung, daß der in $\mathfrak{v}(CO)$ und $\mathfrak{v}(CO_2)$ insgesamt enthaltene Kohlenstoff von gleicher Menge ist, wie im Produkt der vollkommenen Verbrennung, und ebenso der in $\mathfrak{v}(H_2)$ und $\mathfrak{v}(H_2O)$ enthaltene Wasserstoff.

Verbrennen von 1 kg C x kg zu CO_2 und $(1 - x)$ kg zu CO, so ist das Volumen der CO_2 gemäß

$$C + O_2 = CO_2$$

$22{,}4 \cdot \frac{x}{12}$ (m^3 0^0 760) und das Volumen des CO gemäß

$$C + \tfrac{1}{2} O_2 = CO$$

$22{,}4 \cdot \frac{(1 - x)}{12}$, also das Gesamtvolumen von CO_2 und CO gleich $\frac{22{,}4}{12}$ (m^3), d. h. ebenso groß wie bei vollständiger Verbrennung, und es ist

$$\frac{\mathfrak{v}(CO_2)}{\mathfrak{v}(CO)} = \frac{x}{1 - x}. \tag{4}$$

Auf 1 m^3 CO_2, die bei vollständiger Verbrennung entstehen würden, kommen also bei unvollständiger Verbrennung

$$x\ (m^3)\ CO_2 \text{ und } (1 - x)\ (m^3)\ CO.$$

Verbrennen ferner von 1 kg des Wasserstoffgehalts des Brennstoffs y kg zu H_2O und $(1 - y)$ kg zu gasförmigem Wasserstoff (H_2), so entstehen gemäß

$$2H + \tfrac{1}{2} O_2 = H_2O$$

aus 2 kg Wasserstoff 1 Mol = 22,4 m^3 Wasserdampf und aus y kg Wasserstoff daher

$$22{,}4 \cdot \frac{y}{2}\ (m^3)\ H_2O,$$

während die $(1 - y)$ kg gasförmiger Wasserstoff

$$22{,}4 \cdot \frac{(1 - y)}{2}\ (m^3) \text{ einnehmen.}$$

[1] Vgl. Haber: Thermodynamik technischer Gasreaktionen.

Der Gesamtraum der aus 1 kg Wasserstoff des Brennstoffs entstandenen Gase ist also $\frac{22{,}4}{2}$ (m^3), ebenso groß wie bei vollständiger Verbrennung zu H_2O, und es ist

$$\frac{\mathfrak{v}\,(H_2O)}{\mathfrak{v}\,(H_2)} = \frac{y}{1-y}\,. \tag{5}$$

Da nun je 1 m^3 (CO_2 + CO) h m^3 (H_2O + H_2) entstehen, so enthält das Gemisch $y \cdot h$ (m^3) H_2O und $(1-y) \cdot h$ (m^3) H_2. Das Feuergas ist also zusammengesetzt, wie Abb. 43 zeigt, in der die beiden Felder rechts von der Mitte die Zusammensetzung bei vollständiger Verbrennung ohne Luftüberschuß, die beiden Felder links bei unvollständiger Verbrennung mit Luftmangel darstellen.

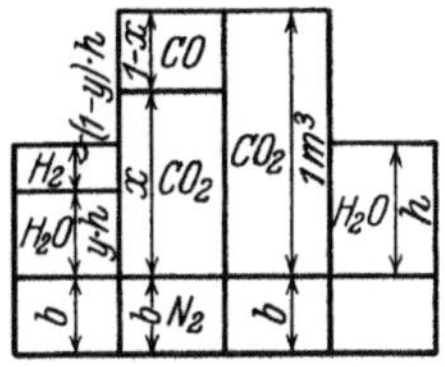

Abb. 43.

Durch Vereinigung von Gl. 4 und 5 mit Gl. 3 folgt

$$K_{p_w} = \frac{1-x}{x} \cdot \frac{y}{1-y}$$

oder

$$K_{p_w} = \frac{\frac{1}{x} - 1}{\frac{1}{y} - 1}\,. \tag{6}$$

Der Sauerstoffbedarf bei unvollständiger Verbrennung beträgt:

für x (m^3) CO_2	x (m^3)
für $(1-x)$ (m^3) CO	$\frac{1}{2}(1-x)$ (m^3)
für $y \cdot h$ (m^3) H_2O	$\frac{1}{2} y \cdot h$ (m^3),

insgesamt $x + \frac{1}{2}(1-x) + \frac{1}{2} yh$ (m^3) für $1 + h$ (m^3) Feuergas. Bei vollständiger Verbrennung beträgt er (mit $x = 1$, $y = 1$)

$$1 + \tfrac{1}{2} h.$$

Daher ist

$$n = \frac{x + \frac{1}{2} \cdot (1-x) + \frac{1}{2} yh}{1 + \frac{1}{2} h} = \frac{1 + x + y \cdot h}{2 + h} \tag{7}$$

Diese Gleichung gilt, wenn der Brennstoff keinen Sauerstoff enthält. Enthält er jedoch O kg Sauerstoff auf C kg Kohlenstoff, die im gasförmigen Zustand

$$22{,}4\,\frac{O}{32}\ (m^3)$$

einnehmen, während das Kohlensäurevolumen

$$22{,}4\,\frac{C}{12}\ (m^3)$$

beträgt, so entfallen auf 1 m^3 Kohlensäure

$\frac{\frac{O}{32}}{\frac{C}{12}} = \frac{3}{8}\frac{O}{C}$ (m^3) Sauerstoff, der nicht besonders zugeführt zu werden braucht. Der Sauerstoffbedarf ist dann nur

$$x + \frac{1}{2}(1 - x) + \frac{1}{2}yh - \frac{3}{8}\frac{O}{C}$$

und bei vollständiger Verbrennung

$$1 + \frac{1}{2}h - \frac{3}{8}\frac{O}{C}\,.$$

Somit wird in diesem Falle

$$n = \frac{x + \frac{1}{2}(1 - x) + \frac{1}{2}y \cdot h - \frac{3}{8}\frac{O}{C}}{1 + \frac{1}{2}h - \frac{3}{8}\frac{O}{C}}$$

oder

$$n = \frac{1 + x + y\,h - \frac{3}{4}\frac{O}{C}}{2 + h - \frac{3}{4}\frac{O}{C}} = \frac{\left(1 - \frac{3}{4}\frac{O}{C}\right) + x + yh}{\left(2 + \frac{3}{4}\frac{O}{C}\right) + h}\,. \tag{8}$$

Diese Gleichung tritt dann an Stelle von Gl. 7. Sie geht mit $O = 0$ in diese über.

Bei irgendeinem unvollkommenen Verbrennungsvorgang mit $n < 1$ sind nun x und y, die Bruchteile von C und H, die vollständig verbrennen, zunächst unbekannt. Dagegen muß n, das Verhältnis der wirklichen Sauerstoffmenge zur theoretischen, bekannt sein. Ist dies der Fall, so kann man aus Gl. 6 und 7 bzw. 8, die nur die beiden Unbekannten x und y enthalten, diese Werte für jede Temperatur berechnen, für welche K_{p_w} bekannt ist. — Ist nicht n bekannt, sondern x oder y oder beides (aus einer Analyse des Feuergases), so kann aus Gl. 7 und 6 der Wert von n und y, oder von n und K_{p_w} berechnet werden.

Im folgenden wird nur der erste Fall, daß nämlich n und K_{p_w} bekannt, x und y unbekannt sind, weiter behandelt. Die Gleichungen 6 und 7 (oder 8) führen für x und y auf Gleichungen 2. Grades und auf wenig übersichtliche Ausdrücke für die Unbekannten x und y. Dagegen ergibt die nachstehende graphische Lösung ein übersichtliches Bild (Abb. 44).

Trägt man als Abszissen die Werte von x, als Ordinaten die Werte von y auf, so wird Gl. 6 für jeden Wert von K_{p_w}, also für jede Temperatur durch eine einfache Kurve 2. Grades (Parabel) dargestellt, wie Abb. 44 zeigt. Für $K_{p_w} = 1$ geht diese Kurve in eine Gerade, die Diagonale des Quadrats mit den Seiten $x = 1$, $y = 1$ über. In Abb. 44 ist eine Schar dieser Kurven für die Temperaturen 817° C ($K_{p_w} = 1$), 1000° ($K_{p_w} = 1{,}47$), 1200°, 1600°, 2000°, 2200°, 2500° C eingetragen, wobei die Werte von K_{p_w} nach Abschnitt 12 zugrunde gelegt sind.

Dagegen wird Gl. 7 (und 8) für jeden Wert von n durch eine Gerade dargestellt. Schreibt man Gl. 8 in der Form

$$n \cdot \left[2 - \frac{3}{4}\frac{O}{C} + h\right] - \left(1 - \frac{3}{4}\frac{O}{C}\right) = x + yh \tag{8a}$$

und setzt den Ausdruck links

$$n \cdot \left[2 - \frac{3}{4}\frac{O}{C} + h\right] - \left(1 - \frac{3}{4}\frac{O}{C}\right) = \nu, \tag{9}$$

so wird

$$x + y \cdot h = \nu. \tag{8b}$$

Dies ist die Gleichung einer Schar von Geraden, die auf der x-Achse (mit $y = 0$) die Strecke

$$x_0 = \nu,$$

auf der y-Achse (mit $x = 0$) die Strecke

$$y_0 = \frac{\nu}{h}$$

abschneiden. Für einen Brennstoff bestimmter Zusammensetzung (d. h. feste Werte von $h = 6\frac{H}{C}$ und von $\frac{O}{C}$) sind diese Geraden für verschiedene Werte der verhältnismäßigen Luftmenge n parallel. Der

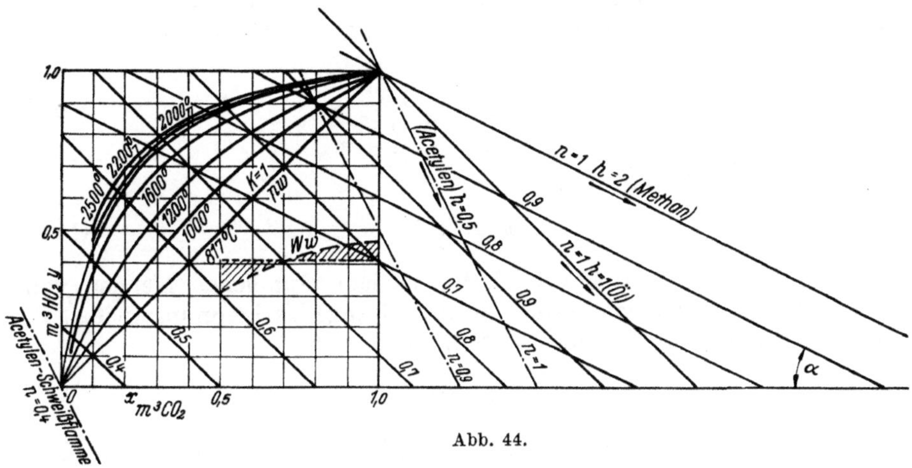

Abb. 44.

Richtungswinkel gegen die x-Achse ist durch

$$tg\,\alpha = \frac{y_0}{x_0} = h \tag{10}$$

bestimmt.

Zusammengehörige Werte von x und y liegen da, wo eine solche Gerade, die nach Lage und Richtung durch h und ν bestimmt ist, die K_{p_w}-Kurve für die gegebene Temperatur schneidet.

Hat man auf diesem Wege die Werte von x und y ermittelt, so ist

$$\begin{aligned} \mathfrak{v}(CO_2) &= \frac{x}{1+h} \\ \mathfrak{v}(CO) &= \frac{1-x}{1+h} \\ \mathfrak{v}(H_2O) &= \frac{y \cdot h}{1+h} \\ \mathfrak{v}(H_2) &= \frac{(1-y)\cdot h}{1+h}. \end{aligned} \tag{11}$$

Hiernach kann man also, vorausgesetzt, daß das Feuergas bei der Temperatur t im chemischen Gleichgewicht ist — was bei ausreichend hoher Temperatur der Fall sein wird — seine Zusammensetzung ermitteln.

Für $n = 1$, theoretische Luftmenge, wird

$$\nu = 1 + h,$$

also

$$x + y \cdot h = 1 + h.$$

Für $x = 1$ wird also in diesem Falle stets auch

$$y = 1,$$

d. h. die Gerade geht durch die obere Ecke des Quadrats; es findet vollständige Verbrennung statt. CO und H_2 sind in diesem Falle nicht vorhanden. Andererseits geht von jeder Geradenschar eine Gerade, für $n < 1$, durch den unteren Eckpunkt des Quadrats, $x = 0$, $y = 0$. Der Wert $n = n_0$, bei dem dies eintritt, folgt aus Gl. 8a zu

$$n_0 = \frac{1 - \frac{3}{4}\frac{O}{C}}{2 - \frac{3}{4}\frac{O}{C} + h} \tag{12}$$

und für den Fall $O = 0$ zu

$$n_0 = \frac{1}{2 + h}. \tag{12a}$$

Für ein Feuergas mit $h = 1$, d. h. gleichen räumlichen Mengen von Wasserdampf und Kohlensäure für vollständige Verbrennung (wie z. B. beim Feuergas von Erdöldestillaten), wird z. B.

$$n_0 = \frac{1}{3}.$$

Von dieser Sauerstoffmenge abwärts enthält das Feuergas weder CO_2 noch H_2O.

Für Werte von $n < 1$, die sich um gleiche Beträge unterscheiden, z. B. um 0,1, wie

$$n = 1 \quad 0{,}9 \quad 0{,}8 \quad 0{,}7 \text{ usw.},$$

liegen auch die parallelen Geraden um gleiche Strecken voneinander entfernt. Nach Gl. 8a ist dies die Strecke (auf der x-Achse gemessen)

$$0{,}1 \cdot \left[2 - \frac{3}{4}\frac{O}{C} + h\right]$$

und für $O = 0$ die Strecke

$$0{,}1\,[2 + h],$$

also z. B. für

	$h = 2$	1	0,5	0,2	0,1	0
die Strecke	0,4	0,3	0,25	0,22	0,21	0,20.

Abb. 44 zeigt dies für einige Werte von h und n.

Mittels Abb. 44 kann nun für einen beliebigen Brennstoff mit beliebigem Sauerstoff- oder Luftverhältnis $n\left(\gtreqless \frac{n_0}{1}\right)$ die Zusammensetzung des Feuergases für irgendeine Temperatur ermittelt werden. Für Ölfeuergas mit $h = 1$ wird z. B. für $n = 0{,}7$ bei den Temperaturen

$t =$	2500	2000	1600	1200	1000° C
$x =$	0,30	0,32	0,355	0,420	0,475
$y =$	0,80	0,77	0,735	0,675	0,620

also

$1 - x =$	0,70	0,68	0,645	0,580	0,525
$1 - y =$	0,20	0,23	0,265	0,325	0,380

Bei Verbrennung des Öls mit reinem Sauerstoff wird also mit $1 + h = 2$ nach Gl. 11

$\mathfrak{v}(CO_2) =$	0,15	0,16	0,178	0,21	0,238
$\mathfrak{v}(CO) =$	0,35	0,34	0,323	0,29	0,262
$\mathfrak{v}(H_2O) =$	0,40	0,385	0,367	0,337	0,310
$\mathfrak{v}(H_2) =$	0,10	0,115	0,132	0,163	0,190
	1,00	1,000	1,000	1,000	1,000

Bei Verbrennung mittels Luft enthält das Feuergas noch den mit der Verbrennungsluft zugeführten Stickstoff. Da die Sauerstoffmenge gleich

$$n \cdot \left(1 + \frac{1}{2} h - \frac{3}{8} \frac{O}{C}\right) \quad \text{ist,}$$

so ist die Stickstoffmenge

$$b = \frac{79}{21} n \cdot \left(1 + \frac{1}{2} h - \frac{3}{8} \frac{O}{C}\right) \tag{13}$$

und mit $O = 0$

$$b = \frac{79}{21} n \cdot \left(1 + \frac{1}{2} h\right). \tag{13a}$$

Im obigen Beispiel wird mit

$$n = 0{,}7\,, \quad h = 1$$

$$b = \tfrac{79}{21} \cdot 0{,}7 \cdot 1{,}5 = 3{,}95\,,$$

daher das Feuergasvolumen

$$1 + h + b = 5{,}95 \text{ m}^3$$

gegen $1 + h = 2 \text{ m}^3$ bei Verbrennung mit reinem Sauerstoff.

Die obigen Werte für $\mathfrak{v}(CO_2)$, $\mathfrak{v}(CO)$, $\mathfrak{v}(H_2O)$ und $\mathfrak{v}(H_2)$ sind daher für Luft mit $\frac{2}{5{,}95} = 0{,}336$ zu multiplizieren und man erhält für

$t =$	2500	2000	1600	1200	1000° C
$\mathfrak{v}(CO_2) =$	0,050	0,054	0,060	0,070	0,080
$\mathfrak{v}(CO) =$	0,118	0,113	0,109	0,098	0,088
$\mathfrak{v}(H_2O) =$	0,134	0,130	0,124	0,113	0,104
$\mathfrak{v}(H_2) =$	0,034	0,039	0,044	0,055	0,064
$\mathfrak{v}(N_2) =$	0,664	0,664	0,664	0,664	0,664
	1,000	1,000	1,000	1,000	1,000

Die Zusammensetzung der mit Sauerstoffmangel (oder Brennstoffüberschuß) entstandenen Feuergase ist also *nicht*, wie die der normalen Feuergase, *unabhängig von der Temperatur*. Wie aus dem obigen Beispiel und allgemein aus Abb. 44 folgt, nimmt mit wachsender Temperatur der Gehalt an freiem Wasserstoff ab, der Gehalt an Kohlenoxyd zu, und demgemäß der Wasserdampfgehalt zu, der Kohlensäuregehalt ab.

Diese Abhängigkeit der Zusammensetzung von der Temperatur besteht jedoch nur für Feuergase, die sowohl Kohlensäure als Wasserdampf enthalten, und ist allein durch die Wassergasreaktion bedingt. Dagegen ist die Zusammensetzung von Feuergasen, die nur CO_2 (neben CO) oder nur H_2O (neben H_2) enthalten, unabhängig von der Temperatur und allein durch die Sauerstoffmenge, d. h. die Zahl n, bedingt.

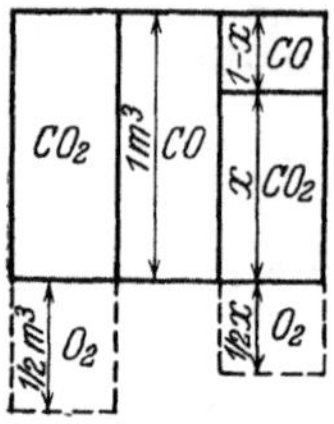

Abb. 45.

Verbrennt z. B. CO unter Sauerstoffmangel, so entsteht aus $1\,m^3$ CO ein Gemisch von $x\,m^3 CO_2$ und $1 - x\,m^3$ CO, Abb. 45. Zur Bildung von $x\,m^3\,CO_2$ aus CO werden $\frac{x}{2} m^3 O_2$ gebraucht; zur vollständigen Verbrennung von $1\,m^3 CO$ würde $\frac{1}{2} m^3\,O_2$ benötigt. Daher ist

$$n = \frac{\frac{x}{2}}{\frac{1}{2}} = x$$

unabhängig von der Temperatur. Für $n = 0{,}4$ enthält z. B. das Feuergas $0{,}4\,m^3\,CO_2$ und $0{,}6\,m^3$ CO.

Ebenso ist bei der vollständigen Verbrennung von H_2 der theoretische Sauerstoffbedarf von $1\,m^3$ gleich $\frac{1}{2} m^3 O_2$, während zur Bildung von $y\,m^3\,H_2O$ $\frac{y}{2}\,m^3\,O_2$ verbraucht werden. Das Feuergas enthält neben $y\,m^3\,H_2O$ noch $(1 - y)\,m^3\,H_2$ und es ist

$$n = \frac{\frac{y}{2}}{\frac{1}{2}} = y.$$

Für $n = 0{,}4$ enthält z. B. das Feuergas $0{,}4\,m^3 H_2O$ und $0{,}6\,m^3\,H_2$.

Ist jedoch dem CO Wasserdampf beigemischt, so tritt bei ausreichend hoher Temperatur wieder die Wassergasreaktion in Wirkung und die Zusammensetzung des Feuergases, das bei Luftmangel dann auch H_2 enthalten kann, wird infolgedessen von der Temperatur abhängig. In diesem Falle, wie auch in den Fällen, wo dem Brennstoff Kohlensäure oder Wasser oder beides beigemischt ist, gelten jedoch die früheren einfachen Gl. 6, 7 und 8 nicht mehr.

20. Innere Energie und Wärmeinhalt.

Ein unter Sauerstoffmangel entstandenes Feuergas hat bei der Temperatur t eine bestimmte Zusammensetzung, die durch die Bruchteile x und y gekennzeichnet ist, mit denen CO_2 und H_2O im Verhältnis zu ihren Beträgen bei vollständiger Verbrennung im Feuergas enthalten sind. Mit der Temperatur ändern sich auch diese Werte und mit ihnen die Zusammensetzung des Feuergases.

Die innere physikalische Energie des Feuergasgemisches $\mathfrak{U}$ kcal/$m^3\,0^0$ 760 (über 0^0 C) bei der Temperatur t ist die Summe der inneren Energien der Bestandteile. Für eine der Abb. 43 entsprechende

Feuergasmenge von $1 + h + b$ (m³) ist daher die innere Energie

$$(1 + h + b) \cdot \mathfrak{U} = x \cdot \mathfrak{U}_{CO_2} + h \cdot y \cdot \mathfrak{U}_{H_2O} + [1 - x + h(1 - y)] \, \mathfrak{U}_{2\,\text{atom}} + b \cdot \mathfrak{U}_{N_2}$$

und der Wärmeinhalt bei konstantem Druck

$$(1 + h + b)\, \mathfrak{J} = x \cdot \mathfrak{J}_{CO_2} + h \cdot y \cdot \mathfrak{J}_{H_2O} + [1 - x + h(1 - y)] \cdot \mathfrak{J}_{2\,\text{atom}} + b \cdot \mathfrak{J}_{N_2},$$

worin $\mathfrak{U}$ und $\mathfrak{J}$ die Werte für 1 m³ 0° 760 Feuergasgemisch bedeuten $\mathfrak{U}_{CO_2}$, $\mathfrak{J}_{CO_2}$ usw. sind den früheren Zahlentafeln I, II und III zu entnehmen, x und y nach Abb. 44 zu bestimmen. Man kann so $\mathfrak{U}$ und $\mathfrak{J}$ für eine Reihe von Temperaturen bestimmen, wie z. B. Abb. 47 für Methan-Feuergas mit $n = 0{,}8$ und 0,7facher Luftmenge zeigt. Für vollständige Verbrennung von Methan mit Luft gilt

$$CH_4 + 2\,O_2 + 2 \cdot \tfrac{79}{21} N_2 = CO_2 + 2\,H_2O + 2 \cdot \tfrac{79}{21}\,N_2.$$

Also ist das Wasserdampfvolumen $h = 2$ und die Stickstoffmenge bei unvollständiger Verbrennung $2n \cdot \frac{79}{21} = 6{,}02$ m³, somit für $n = 0{,}8$ das Gesamtvolumen $1 + h + b = 9{,}02$ m³ für 1 m³ Methan.

Die Zahlentafel 15 enthält die auf diese Weise bestimmten Werte von x, y und $\mathfrak{U}$ für das Methan-Luft-Feuergas mit $n = 0{,}8$. Die Werte von $\mathfrak{U}$ sind in Abb. 47 als Ordinaten zu den Temperaturen als Abszissen aufgetragen für $n = 0{,}8$ und $n = 0{,}7$.

Zahlentafel 15. Methan-Luft-Feuergas $n = 0{,}8$.

t	x	y	$h \cdot y$	$\mathfrak{U}_{CO_2}$	$\mathfrak{U}_{H_2O}$	$\mathfrak{U}_{N_2}$	$x\,\mathfrak{U}_{CO_2}$	$hy\,\mathfrak{U}_{H_2O}$	$[\cdot\cdot] \cdot \mathfrak{U}_{2\,at}$	$(1+h+b)\,\mathfrak{U}$	$\mathfrak{U}$
1200	0,586	0,806	1,612	823	385	292	307	621	1990	2918	324
1600	0,510	0,845	1,690	740	550	399	378	930	2720	4028	447
2000	0,470	0,860	1,720	977	760	511	459	1308	3492	5259	583
2200	0,460	0,870	1,740	1103	879	569	508	1530	3880	5918	657
2500	0,450	0,878	1,756	1301	1077	659	586	1891	4490	6967	772

21. Wärmeaufnahme und Wärmeabgabe des Feuergases bei Temperaturänderungen.

Wenn die Temperatur eines unter Luftmangel entstandenen Feuergases bei konstantem Druck oder konstantem Volumen durch Wärmezufuhr von außen erhöht oder durch Wärmeableitung nach außen erniedrigt wird, so ändert sich gleichzeitig mit der Temperatur und dem Volumen bzw. Druck auch seine Zusammensetzung. Bei Erhöhung der Temperatur nimmt nach Abb. 44 der Wasserdampfgehalt zu, der Kohlensäuregehalt ab, bei Erniedrigung der Temperatur nimmt umgekehrt der Wasserdampfgehalt ab, der Kohlensäuregehalt zu. Gemäß der Wassergasreaktion

$$CO + H_2O = CO_2 + H_2$$

verbrennt im letzteren Falle (bei Abkühlung) ein Teil des CO zu CO_2, während ein Teil des H_2O in H_2 und O_2 zerfällt und dadurch den Sauerstoff für die Verbrennung von CO liefert. Je 1 m³ CO, das zu 1 m³ CO_2 verbrennt, wird dabei die Verbrennungswärme $\mathfrak{W}_{p_{CO_2}}$ entwickelt, während gleichzeitig für die Zersetzung von 1 m³ H_2O die Zersetzungswärme (Dissoziationswärme) $\mathfrak{W}_{p_{H_2O}}$ verbraucht wird. Da $\mathfrak{W}_{p_{CO_2}} > \mathfrak{W}_{p_{H_2O}}$ ist (Abschnitt 8, Zahlentafel 9), so wird bei der Abkühlung des Feuergases insgesamt die Reaktionswärme $\mathfrak{W}_{p_{CO_2}} - \mathfrak{W}_{p_{H_2O}} = \mathfrak{W}_w$ frei, die als Wärmetönung der Wassergasreaktion bezeichnet wird. $\mathfrak{W}_w$ ist ebenso wie $\mathfrak{W}_{p_{CO_2}}$ und $\mathfrak{W}_{p_{H_2O}}$ von der Temperatur abhängig, wie Abb 46 zeigt. Sein Wert nimmt von 380 kcal/m³ bei 1000⁰ bis 275 kcal bei 2300⁰ ab, um von da an wieder zuzunehmen.

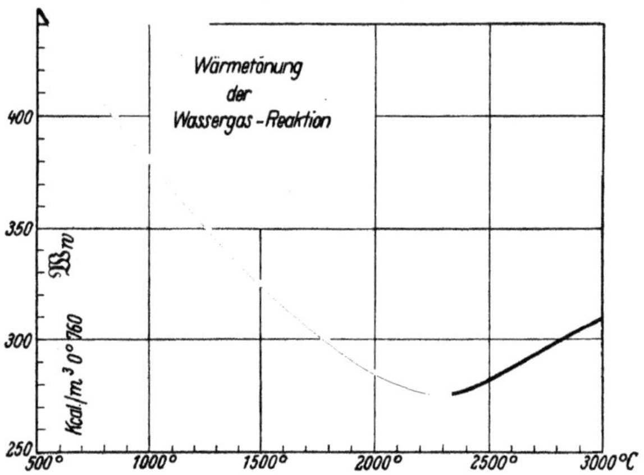

Abb. 46.

Wird nun bei der Abkühlung um dt die sehr kleine Kohlenoxydmenge $d(CO)$ verbrannt, so wird die Reaktionswärme $\mathfrak{W}_w \cdot d(CO)$ frei und muß nach außen abgeleitet werden. Gleichzeitig muß aber auch die innere (physikalische) Energie (bei konstantem Volumen) bzw. der Wärmeinhalt bei konstantem Druck des Gemisches um $d\mathfrak{U}$ bzw. dI vermindert, also die Wärmemenge dU bzw. dI nach außen abgeleitet werden. Im ganzen muß also die Wärme abgeleitet werden

$$dQ_v = \mathfrak{W}_w \cdot d(CO) + dU \text{ bzw.}$$
$$dQ_p = \mathfrak{W}_w \cdot d(CO) + dI.$$

Nun ist die in dem Gemisch nach Abb. 43 enthaltene Kohlenoxydmenge $(1 - x)$ m³, also

$$d(CO) = d(1 - x) = -dx$$

und somit

$$dQ_v = -\mathfrak{W}_w \cdot dx + (1 + h + b) \cdot d\mathfrak{U}$$

und

$$dQ_p = -\mathfrak{W}_w \cdot dx + (1 + h + b) \cdot d\mathfrak{J}.$$

Durch Integration von t_1 bis t_2 folgt die bei der Abkühlung von t_1 auf t_2 zu entziehende Wärmemenge

$$Q_v = -(\mathfrak{W}_w)_m \cdot (x_2 - x_1) - (1 + h + b)(\mathfrak{U}_1 - \mathfrak{U}_2)$$

und

$$Q_p = -(\mathfrak{W}_w)_m \cdot (x_2 - x_1) - (1 + h + b)(\mathfrak{J}_1 - \mathfrak{J}_2).$$

Soll dagegen durch Wärmezufuhr die Temperatur erhöht werden, so nimmt nach Abb. 44 x, der CO_2-Gehalt, ab, während y, der H_2O-Gehalt, zunimmt. Es tritt also eine teilweise Zersetzung von CO_2 ein, die einen

Wärmeverbrauch $\mathfrak{W}_{CO_2}$ je Kubikmeter bedingt, und eine Verbrennung von H_2, die eine Verbrennungswärme $\mathfrak{W}_{H_2O}$ je Kubikmeter liefert. Daher muß bei einer Erwärmung um dt einerseits die negative Reaktionswärme $\mathfrak{W}_{H_2O} - \mathfrak{W}_{CO_2} = -\mathfrak{W}_w$ je Kubikmeter und andererseits die Erhöhung der inneren (physikalischen) Energie bzw. des Wärmeinhalts durch die von außen zugeführte Wärme gedeckt werden.

Diese Wärmemengen sind daher, für $1 + h + b$ m³ Feuergas

$$Q_v = (\mathfrak{W}_w)_m \cdot (x_1 - x_2) + (1 + h + b)(\mathfrak{U}_2 - \mathfrak{U}_1)$$

und

$$Q_p = (\mathfrak{W}_w)_m \cdot (x_1 - x_2) + (1 + h + b) \cdot (\mathfrak{J}_2 - \mathfrak{J}_1).$$

Für die Masse von 1 m³ 0° 760 Feuergas ist daher

$$\mathfrak{Q}_v = \frac{Q_v}{1 + h + b} = \frac{(\mathfrak{W}_w)_m \cdot (x_1 - x_2)}{1 + h + b} + \mathfrak{U}_2 - \mathfrak{U}_1$$

und

$$\mathfrak{Q}_p = \frac{Q_p}{1 + h + b} = \frac{(\mathfrak{W}_w)_m \cdot (x_1 - x_2)}{1 + h + b} + \mathfrak{J}_2 - \mathfrak{J}_1.$$

$\mathfrak{U}_1$ und $\mathfrak{U}_2$, $\mathfrak{J}_1$ und $\mathfrak{J}_2$ sind hierbei für die den Anfangs- und Endzuständen entsprechenden Werte von x_1 und x_2, y_1 und y_2 nach dem vorigen Abschnitt zu berechnen. $(\mathfrak{W}_w)_m$ ist der Mittelwert von $\mathfrak{W}_w$, den man erhält, wenn man $\mathfrak{W}_w$ als Ordinaten zu x als Abszissen aufträgt, wie aus Abb. 44 für einen bestimmten Fall ersichtlich ist.

Diese Beziehungen gelten nur, wenn die Erwärmung oder Abkühlung des Feuergases im chemischen Gleichgewicht erfolgt, so daß sich die Zusammensetzung des Gases entsprechend Abb. 44 mit der Temperatur ändert und die entsprechenden Reaktionswärmen frei oder gebunden werden. Trifft dies nicht zu, z. B. wenn die Abkühlung so rasch und so tief erfolgt, daß sich wegen zu kurzer Zeit und verlangsamter Reaktionsgeschwindigkeit das chemische Gleichgewicht nicht einstellen kann, so fällt das erste Glied in den obigen Gleichungen ganz oder teilweise weg und in den Beziehungen für $\mathfrak{U}$ und $\mathfrak{J}$ bleiben x und y über das ganze Temperaturgebiet von t_1 bis t_2 oder über einen Teil desselben unverändert.

Wenn z. B. bei Explosionsversuchen in Bomben das Feuergasgemisch nach erfolgter Abkühlung untersucht wird, so ist es denkbar, daß dieses Gemisch, wenn die Abkühlung sehr rasch erfolgt ist, die Zusammensetzung, die das Feuergas am Ende der Verbrennung hatte (also bei der höchsten Temperatur), noch angenähert besitzt; ebenso wenn aus einem Flammenkegel Feuergase abgesaugt und plötzlich tief abgekühlt werden, wie bei den Versuchen über die Zusammensetzung der inneren Flammengase und über das Wassergasgleichgewicht.

Von Nusselt ist eine große Zahl von Explosionsversuchen mit Luftmangel ausgeführt worden[1]. Das Feuergas hatte dabei (im kalten Zustand) im Mittel die Zusammensetzung in Raumteilen:

H_2O	CO_2	CO	H_2	O_2	N_2
0,017	0,473	0,470	0,006	0	0,034

[1] Der Wärmeübergang in der Verbrennungskraftmaschine. Forsch.-Arb. Nr. 264.

und die Ladung die Zusammensetzung

0,010 0,170 0,658 0,009 0,125 0,028

Die theoretische Sauerstoffmenge würde betragen

$$\tfrac{1}{2} \cdot 0{,}658 + \tfrac{1}{2} \cdot 0{,}009 = 0{,}3335,$$

während die wirkliche 0,125, also $n = \frac{0{,}125}{0{,}3335} = 0{,}375$ der theoretischen betrug.

Nach der gemessenen Zusammensetzung der kalten Feuergase beträgt die Konstante des Wassergasgleichgewichts

$$K_{p_w} = \frac{0{,}470}{0{,}473} \cdot \frac{0{,}017}{0{,}006} = 2{,}81,$$

was nach Abb. 23 einer Gleichgewichtstemperatur von 1200° C entspricht. Die aus den Explosionsdrucken berechneten Höchsttemperaturen betrugen dagegen im Mittel aller Versuche 2204° C. Hiernach hätte sich das chemische Gleichgewicht bei der Abkühlung in der Bombe bis 1200° herab der Temperatur entsprechend eingestellt, so daß bis dahin auch Reaktionswärme frei wurde, und wäre dann bei der weiteren Abkühlung stehengeblieben.

22. Die Berechnung der Verbrennungstemperatur.

Bei der unvollständigen Verbrennung wird nicht die ganze Verbrennungswärme W des in dem Brennstoff-Sauerstoff-Gemisch oder Brennstoff-Luftgemisch enthaltenen Brennstoffs frei. Der nicht frei gewordene Teil wird durch die Verbrennungswärme der brennbaren Anteile des Feuergases dargestellt. In einem Feuergas von $(1 + h + b)$ m³ nach Abb. 43 sind noch $(1 - x)$ m³ CO mit einer Verbrennungswärme von $(1 - x)\mathfrak{W}_{CO}$ kcal und $h(1 - y)$ m³ H_2 mit einer Verbrennungswärme von $h(1 - y)\mathfrak{W}_{H_2}$ kcal enthalten. Die frei gewordene Verbrennungswärme ist also

$$Q = W - (1 - x) \cdot \mathfrak{W}_{CO} - h(1 - y) \cdot \mathfrak{W}_{H_2}$$

für $1 + h + b$ m³ Feuergas.

Durch die Entwicklung dieser Wärmemenge wird die Temperatur von der Höhe der Ladungstemperatur t_0 auf die Verbrennungstemperatur t_1 gesteigert. Bei Verbrennung im unveränderlichen Raum wird dabei die innere (physikalische) Energie bei der Verbrennung auf den der Temperatur t_1 entsprechenden Wert U_1 erhöht, und bei der Verbrennung unter unveränderlichem Druck der Wärmeinhalt auf den der (anderen) Temperatur t_1 entsprechenden Wert I_1. Denkt man sich das Feuergas von der Temperatur t_1 bei unveränderlicher Zusammensetzung bis t_0 abgekühlt, und sind bei dieser Temperatur U_0 und I_0 die Werte der inneren Energie und des Wärmeeinhalts, so ist

$$U_1 - U_0 = Q \text{ bzw.}$$
$$I_1 - I_0 = Q.$$

Strenggenommen hätte man U_0 als innere Energie bzw. I_0 als Wärmeinhalt der Ladung einzuführen.

Da sich jedoch diese Werte nur wenig von denen des Feuergases bei der gleichen Temperatur unterscheiden, so kann man davon absehen.

Trägt man nun einerseits die nach Abschnitt 20 ermittelten Werte von U_1 bzw. I_1 als Ordinaten zu den Temperaturen als Abszissen auf und andererseits die Werte von $Q + U_0$, so erhält man die gesuchte Temperatur t_1 als Abszisse des Schnittpunkts der beiden Kurven.

Auf diese Weise sind in Abb. 47 die Explosionstemperaturen von Methan-Luftgemischen mit $n = 0{,}8$ und $n = 0{,}7$facher theore-

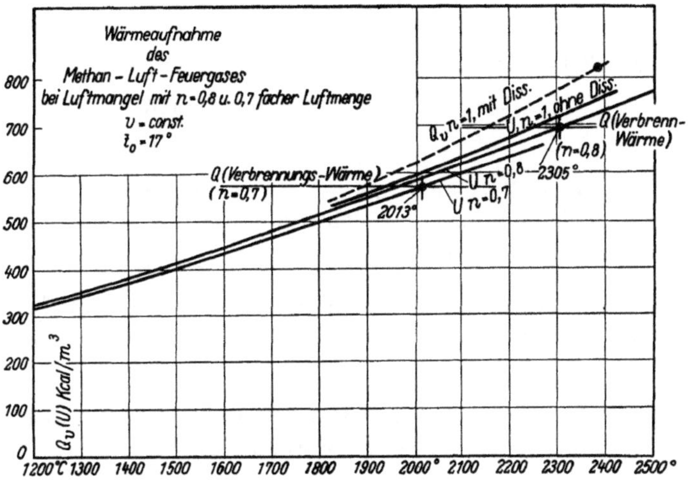

Abb. 47.

tischer Luftmenge bestimmt worden. Die Kurve der Werte von $\mathfrak{U}$ für $n = 0{,}8$ wurde nach Abschnitt 20 aufgetragen, diejenige für $n = 0{,}7$ in gleicher Weise wie dort berechnet und gleichfalls aufgetragen.

Ferner wurde angenommen

$$\mathfrak{W}_{CH_4} = 8585, \quad \mathfrak{W}_{CO} = 3020, \quad \mathfrak{W}_{H_2} = 2598$$

womit sich für $n = 0{,}8$ die in der Zahlentafel 16 enthaltenen Werte von Q für $1 + h + b$ (m³) und von $\frac{Q}{(1 + h + b)}$ für 1 m³ Feuergas berechneten.

Zahlentafel 16.

t	$1 - x$	$h(1 - y)$	$(1 - x)\,\mathfrak{W}_{CO}$	$h(1 - y)\,\mathfrak{W}_{H_2}$	Q	$\frac{Q}{(1 + h + b)}$
1200	0,414	0,384	1250	996	6339	703
1600	0,490	0,310	1480	805	6305	700
2000	0,530	0,280	1600	727	6258	695
2200	0,540	0,260	1630	675	6280	698
2500	0,550	0,244	1660	633	6292	699

Die Feuergaswärmen $\frac{Q}{(1 + h + b)}$ für 1 m³ 0° 760 unterscheiden sich bei den verschiedenen Temperaturen nur wenig von dem Mittelwert 700, so daß die Q-Kurve in Abb. 47 praktisch fast eine der Abszissenachse parallele Gerade wird. Als Verbrennungstemperatur ergibt sich bei $t_0 = 0^0$ $t_1 = 2305^0$, und bei $t_0 = 17^0$ $t_1 = 2310^0$. Das Temperaturverhältnis wird somit im letzteren Fall

$$\frac{T_1}{T_0} = \frac{2310 + 273}{17 + 273} = 8{,}90.$$

Da Methanexplosionen ohne Raumänderung verlaufen, so ist auch die Drucksteigerung

$$\frac{p_1}{p_0} = \frac{T_1}{T_0} = 8{,}90.$$

Für $p_0 = 1{,}033$ ist also die Drucksteigerung

$$p_1 - p_0 = 7{,}90 \cdot 1{,}033 = 8{,}17 \text{ atü}$$

oder

$$p_1 - p_0 = 7{,}90 \text{ atü}.$$

In Abb. 38 ist zum Vergleich mit den Versuchen von Wheeler dieser Wert, sowie derjenige für $n = 0{,}7$fache Luftmenge, der sich auf dem gleichen Wege zu $\frac{p_1}{p_0} = 7{,}88$ also $p_1 - p_0 = 6{,}88$ At errechnet, eingetragen. Man erkennt, daß die Methanexplosionen auch bei Luftmangel unter erheblichem Wärmeverlust verlaufen.

23. Zusammensetzung und Temperatur der Azetylenschweißflamme.

Azetylengas, C_2H_2, braucht zur vollständigen Verbrennung das 2,5fache Volumen an Sauerstoff, gemäß

$$C_2H_2 + 2{,}5\,O_2 = 2\,CO_2 + H_2O\,.$$

Das Feuergas besteht im dissoziationsfreien Zustand aus 2 Raumteilen CO_2 und 1 Raumteil Wasserdampf. Bei der Verbrennungstemperatur, die im Abschnitt 18 zu 4020° C berechnet wurde, sind CO_2 und H_2O in hohem Grade dissoziiert, und zwar CO_2 mit 90% seines Gewichts, H_2O mit 47%. Das Feuergas enthält somit beträchtliche Mengen freien Sauerstoff, außerdem CO und H_2.

Bei der Bildung der Azetylenschweißflamme wird nur 1 Raumteil Sauerstoff auf 1 Raumteil Azetylen verwendet, so daß die Reaktion nach der Gleichung

$$C_2H_2 + O_2 = 2\,CO + H_2$$

verläuft. In Bruchteilen der theoretischen Sauerstoffmenge beträgt die Sauerstoffzufuhr also nur

$$n = \frac{1}{2{,}5} = 0{,}4.$$

Schon aus der Reaktionsgleichung ist ersichtlich, daß diese Flamme nicht mehr in das Gebiet des Wassergasgleichgewichts fällt, da weder CO_2 noch H_2O entsteht. Auch aus der Bedingungsgleichung für die untere Grenze des Wassergasgleichgewichts, Gl. 12a, Abschnitt 19,

$$n_0 = \frac{1}{2 + h},$$

geht mit $h = 0,5$

$$n_0 = \frac{1}{2,5} = 0,4$$

als diejenige Luftmenge hervor, bei der die untere Grenze erreicht wird.

Berechnet man nun die Verbrennungstemperatur aus der Wärmeaufnahme des CO und H_2 allein, so erhält man den viel zu hohen Wert von 4300° C (Abb. 49). Daß dieser Wert zu hoch sein muß, folgt aus dem Umstand, daß der Wasserstoff H_2 bei Temperaturen von 3000 bis 4000° C und dem Teildruck von $\frac{1}{3}$ at, den er in der Flamme besitzt, zu einem erheblichen Bruchteil in seine Atome dissoziiert gemäß

$$H_2 = H + H. \tag{1}$$

Es ist daher nötig, die Verbrennungstemperatur der Schweißflamme mit Rücksicht auf diesen Zerfall des zweiatomigen Wasserstoffs zu berechnen. Die folgende Berechnung gründet sich hinsichtlich der Dissoziation des H_2 auf die Ergebnisse von **Langmuir** und bezüglich der zweiatomigen Gase auf die Wärmeinhalte der Zahlentafeln I, II und IV im Anhang.

Bei vollständiger Dissoziation von H_2 in $H + H$ werden aus $1\,m^3$ H_2 $2\,m^3$ H (Abb. 48). Dissoziieren nur α Gewichtsteile, so verbleiben $1 - \alpha$ Gewichtsteile H_2, also $1 - \alpha\,m^3$ H_2, während sich $\alpha\,m^3$ H_2 in $2\alpha\,m^3$ H verwandeln (Abb. 48 rechts). Das Volumen von $1\,m^3$ H_2 wächst durch die Dissoziation auf $1 - \alpha + 2\alpha = 1 + \alpha\,m^3$. In dem unverdünnten dissoziierenden Gemisch von H_2 und H nimmt also der zweiatomige Wasserstoff $\frac{(1-\alpha)}{(1+\alpha)}$, der einatomige $\frac{2\alpha}{(1+\alpha)}$ Raumteile ein. Die Teildrücke sind daher, mit p als Gesamtdruck,

$$p_{H_2} = p \cdot \frac{1-\alpha}{1+\alpha} \quad \text{und} \quad p_H = p \cdot \frac{2\alpha}{1+\alpha}.$$

Nach der Reaktionsgleichung

$$H + H = H_2 \tag{1a}$$

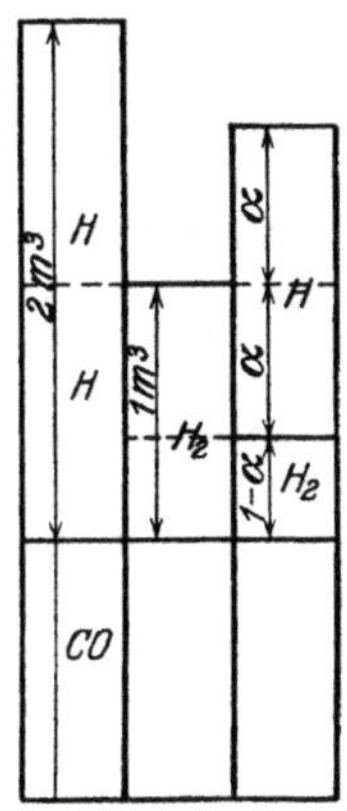

Abb. 48.

ist die Gleichgewichtskonstante

$$K_p = \frac{p_H \cdot p_H}{p_{H_2}} = \frac{p_H^2}{p_{H_2}},$$

also

$$K_p = p \cdot \frac{4\alpha^2}{1-\alpha^2}. \tag{2}$$

Nach **Langmuir** ist ferner

$$\log K_p = 7,77 - \frac{19700}{T} \text{ (für mm } H_g\text{)},$$

wonach sich mit Hilfe von Gl. 2 α berechnen läßt. Im folgenden sind die von **Langmuir** angegebenen Dissoziationsgrade zugrunde gelegt, die allerdings nicht auf Gewichtsteile, sondern auf Raumteile bezogen. sind. D. h. der Dissoziationsgrad x ist als räumlicher Anteil des Dissoziationsprodukts (H) im Gemisch angegeben. Aus Abb. 48 folgt ohne weiteres

$$x = \mathfrak{v}\,(\mathrm{H}) = \frac{2\,\alpha}{1+\alpha},$$

also

$$\alpha = \frac{x}{2-x}.$$

In der folgenden Zusammenstellung sind diese Werte mit α_0 bezeichnet.

Nach Langmuir ist für $p = 760$ mm Hg bei

$T = 1600^0$ abs,	$100\,x = 0{,}044$ %,	also $100\,\alpha_0 = 0{,}022$ %;	$100\,\alpha = 0{,}038$ %
1800	0,093	0,0465	0,081
2000	0,33	0,165	0,286
2200	0,92	0,46	0,797
2400	2,16	1,09	1,90
2600	4,40	2,25	3,85
2800	8,10	4,22	7,12
3000	13,00	6,95	11,57
3200	21,00	11,72	19,02
3400	29,00	17,00	26,71
3500	34,00	20,50	31,50
4000	61,00	43,80	57,30

Die Werte $100\,\alpha_0$ sind in Abb. 49 als Ordinaten nach unten zu den Temperaturen als Abszissen aufgetragen.

Im Azetylenfeuergas ist jedoch der Wasserstoff (H_2) mit CO vermischt, das in diesem Falle wie ein inertes Gas behandelt werden kann, und zwar mit dem Raum $\frac{\mathrm{CO}}{\mathrm{H_2}} = b = 2$, bezogen auf den gesamten Wasserstoff im nicht dissoziierten Zustand.

In dem mit CO verdünnten Gemisch herrschen nun die nachstehenden Teildrücke:

$$p_{\mathrm{H}} = p \cdot \frac{2\,\alpha}{1+b+\alpha},$$

$$p_{\mathrm{H_2}} = p \cdot \frac{1-\alpha}{1+b+\alpha},$$

$$p_{\mathrm{CO}} = p \cdot \frac{b}{1+b+\alpha}.$$

Mit wachsender Dissoziation nimmt also der Teildruck des CO ab. Hiermit wird nun

$$K_p = p \cdot \frac{(2\,\alpha)^2 \cdot (1+b+\alpha)}{(1+b+\alpha)^2 \cdot (1-\alpha)}$$

$$= p \cdot \frac{(2\,\alpha)^2}{(1+b+\alpha)\,(1-\alpha)}.$$

Da nun für den unverdünnten Wasserstoff

$$K_p = p \cdot \frac{(2\,\alpha_0)^2}{1-\alpha_0^2}$$

ist und K_p bei gleicher Temperatur für den unverdünnten und den verdünnten Wasserstoff gleich groß ist, so kann man den Dissoziationsgrad α im verdünnten Gemisch aus dem Dissoziationsgrad α_0 im unverdünnten berechnen. Man erhält durch Gleichsetzen der beiden Ausdrücke für K_p

$$\frac{(2\alpha)^2}{(1+b+\alpha)(1-\alpha)} = \frac{(2\alpha_0)^2}{1-\alpha_0^2}.$$

Daraus folgt

$$\alpha = \frac{1}{2}\alpha_0^2 \cdot b \cdot \left[-1 + \sqrt{1 + \frac{4}{\alpha_0^2} \cdot \frac{1+b}{b^2}}\right],$$

und mit $b = 2$

$$\alpha = -\alpha_0^2 + \alpha_0 \sqrt{3 + \alpha_0^2}.$$

Hiernach sind die in der obigen Zusammenstellung angegebenen Werte von α aus α_0 berechnet und gleichfalls in Abb. 49 als Ordinaten nach unten aufgetragen.

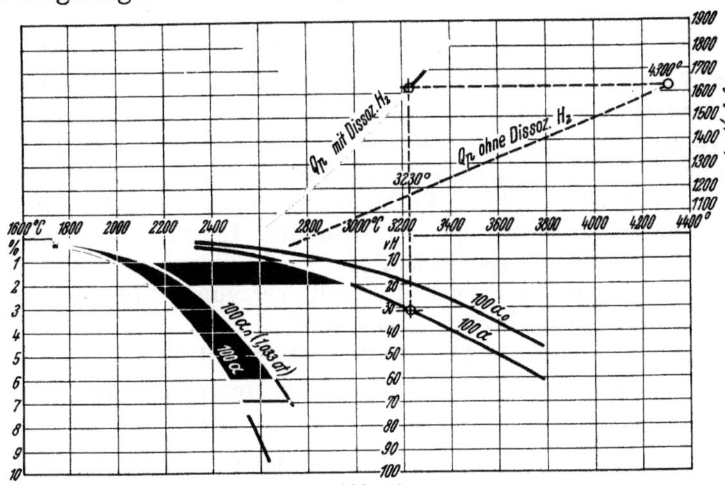

Abb. 49.

Für Celsiusgrade ist bei

$t =$	1800	2000	2200	2400	2600	2800	3000	3200	3400	3600	3800°
$100\,\alpha =$	0,40	1,08	2,50	4,90	8,7	14,0	21,6	30	40	50	62 %

Bei 3000° C sind daher in der Azetylenschweißflamme bereits 21,6 % der Wasserstoffmenge dissoziiert.

Die Wärmeaufnahme des Feuergases bei konstantem Druck von 760 mm Hg errechnet sich unter Berücksichtigung der Dissoziation des H_2 wie folgt. Das Feuergas ist zusammengesetzt aus $(1-\alpha)$ m³ H_2, 2α m³ H, b m³ CO, zusammen $(1+b+\alpha)$ m³. Die vorhandene Masse ist $(1+b)$ m³ 0° 760. Die Wärmeaufnahme dieser Masse ist (über 0° C)

$$(1-\alpha)\cdot\mathfrak{J}_{H_2} + 2\alpha\cdot\mathfrak{J}_{H} + b\cdot\mathfrak{J}_{CO} + \alpha\cdot\mathfrak{W}_{m_{H_2}},$$

worin $\mathfrak{W}_m$ die Dissoziationswärme von 1 m³ 0°760 H_2 ist. Für die Masse von 1 m³ 0° 760 ist also die Wärmeaufnahme

$$Q_p = \frac{1}{1+b}(1-\alpha)\,\mathfrak{J}_{H_2} + \frac{2}{1+b}\alpha\cdot\mathfrak{J}_{H} + \frac{b}{1+b}\cdot\mathfrak{J}_{CO} + \frac{\alpha}{1+b}\cdot\mathfrak{W}_{m_{H_2}}$$

und mit $b = 2$ wird

$$Q_p = \frac{1}{3}(1-\alpha)\cdot\mathfrak{J}_{H_2} + \frac{2}{3}\alpha\,\mathfrak{J}_{H} + \frac{2}{3}\mathfrak{J}_{CO} + \frac{1}{3}\alpha\,\mathfrak{W}_{m_{H_2}}$$

oder

$$Q_p = \frac{1}{3}\mathfrak{J}_{H_2} + \frac{2}{3}\mathfrak{J}_{CO} + \frac{\alpha}{3}\left[2\,\mathfrak{J}_H - \mathfrak{J}_{H_2} + \mathfrak{W}_{m_{H_2}}\right].$$

Die zwei ersten Glieder zusammen stellen den Wärmeinhalt ohne Dissoziation dar, das dritte Glied den zusätzlichen Wärmeaufwand für die Dissoziation.

Die Dissoziationswärme von 1 Mol = 22,4 (m^3 0^0 760) H_2 ist nach Langmuir $W_p = 90000$ kcal. Daher ist

$$\mathfrak{W} = \frac{90000}{22,4} = 4020 \text{ kcal/m}^3.$$

Von der Veränderlichkeit von W_p mit der Temperatur sieht Langmuir ab, wie auch aus der Form $\log K_p$ hervorgeht.

Die Werte von $\mathfrak{J}_{H_2}$ sind im Verhältnis von $\frac{6,87}{6,98} = 0,984$ kleiner als für N_2 angenommen. $\mathfrak{J}_H$ wurde mit $C_p = 5,00$, also $\mathfrak{C}_p = \frac{5}{22,4} = 0,223$ berechnet.

Hiernach sind nun die Werte von Q_p berechnet und in Abb. 49 gleichfalls als Ordinaten zu den Temperaturen als Abszissen aufgetragen.

Die bei der vollständigen Verbrennung von 1 Mol C_2H_2 entwickelte Verbrennungswärme ist, wie im Abschnitt 18, mit 302870 kcal angenommen. Bei der unvollständigen Verbrennung in der Schweißflamme ist noch der unentwickelte Heizwert von 2 Mol CO und 1 Mol H_2 in der Flamme enthalten. Dies sind

$$2 \cdot 3020 + 2598 = 8638 \text{ kcal}.$$

Also werden bei der unvollständigen Verbrennung von 1 Mol C_2H_2 mit 1 Mol O_2

$$\frac{302870}{22,4} - 8638 = 13500 - 8638 = 4862 \text{ kcal}$$

frei. Diese Wärme ist in dem Feuergas, das ein Volumen von 3 m^3 0^0 760 besitzt, enthalten, so daß auf 1 m^3 0^0 760 des Feuergases $\frac{6842}{3} = \mathbf{1621}$ kcal entfallen. Daraus folgt in Abb. 49 eine Verbrennungstemperatur von **3230⁰** C und ein Dissoziationsgrad des H_2 von $100\,\alpha = \mathbf{31,5}$ %.

Die Schweißflamme ist also im heißen Zustand wie folgt zusammengesetzt:

$$\mathfrak{v}\,(H_2) = \frac{1-\alpha}{3+\alpha} = \frac{1-0,315}{3+0,315} = 0,207,$$

$$\mathfrak{v}\,(H) = \frac{2\alpha}{3+\alpha} = \frac{2\cdot 0,315}{3,315} = 0,190,$$

$$\mathfrak{v}\,(CO) = \frac{2}{3+\alpha} = \frac{2}{3,315} = \underline{0,603}$$

$$1,000$$

Unmittelbare Messungen der Temperatur der heißesten Stelle der Schweißflamme auf optischem Wege[1] ergaben eine höchste Temperatur von 3128⁰ C. Es ist möglich, daß durch genauere Werte der Dissoziationsgrade und Dissoziationswärmen der Unterschied zwischen der berechenbaren und gemessenen Temperatur noch verringert wird.

---

[1] F. Henning u. C. Tingwaldt: Die Temperaturverteilung in der Azetylenschweißflamme. Z. V. d. I. S. 1828, 1928.

V. Nachtrag.

24. Dissoziation und Wärmeaufnahme der Feuergase bei Luftüberschuß und Luftmangel.

Feuergase, die durch Verbrennung mit überschüssiger Luft ($n > 1$) entstanden sind, enthalten neben CO_2 und H_2O (oder beiden) noch freien Sauerstoff. Durch diesen Sauerstoff wird der Dissoziationsgrad bei gleicher Temperatur und gleichem Druck des Feuergases gegenüber dem des Feuergases mit der theoretischen Luftmenge um so stärker vermindert, je größer seine Menge ist.

Feuergase, die durch Verbrennung unter Luftmangel entstanden sind ($n < 1$), enthalten neben CO_2 oder H_2O (oder beiden) noch CO oder H_2 (oder beides), wodurch gleichfalls der Dissoziationsgrad gegenüber dem theoretischen Feuergas vermindert wird.

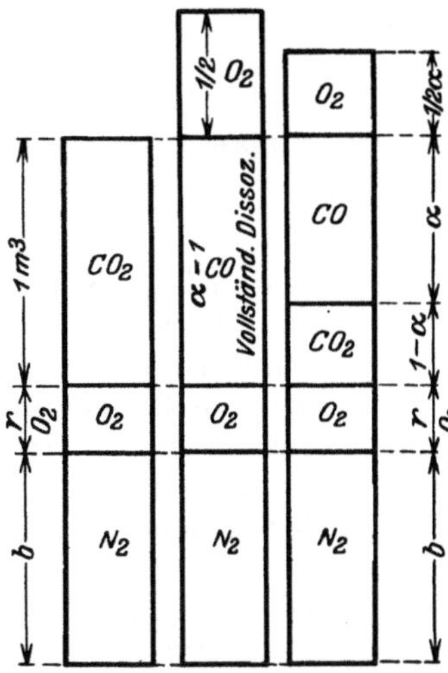

Abb. 50.

Enthält das Feuergas nur CO_2 oder nur H_2O, so läßt sich der Dissoziationsgrad α bei beliebigem Luftüberschuß oder Luftmangel in verhältnismäßig einfacher Weise aus dem Dissoziationsgrad α_0 des theoretischen Feuergases ermitteln, wie im folgenden gezeigt wird.

a) Feuergase mit Luftüberschuß. Nach der Zusammensetzung dieser Feuergase, wie sie aus Abb. 50 ersichtlich ist, ist ihr Gesamtvolumen, das sich im dissoziationsfreien Zustand aus $1\,m^3\,CO_2$, (oder H_2O), $r_{O_2}\,m^3$ überschüssigem Sauerstoff und $b\,m^3\,H_2$ zusammensetzt

$$1 - \alpha + \alpha + \tfrac{1}{2}\alpha + r_{O_2} + b = 1 + b + r_{O_2} + \tfrac{1}{2}\alpha \text{ m}^3.$$

Die Teildrücke betragen daher

$$p_{CO_2} = p \cdot \frac{1-\alpha}{1 + b + r_{O_2} + \frac{1}{2}\alpha}$$

$$p_{O_2} = p \cdot \frac{r_{O_2} + \frac{1}{2}\alpha}{1 + b + r_{O_2} + \frac{1}{2}\alpha}$$

$$p_{CO} = p \cdot \frac{\alpha}{1 + b + r_{O_2} + \frac{1}{2}\alpha}.$$

Mit diesen Drücken wird die Gleichgewichtskonstante

$$K_p = \frac{p_{CO}^2 \cdot p_{O_2}}{p_{CO_2}^2}$$

$$K_p = p \cdot \frac{\alpha^2 (r_{O_2} + \frac{1}{2}\alpha)}{(1-\alpha)^2 \cdot (1 + b + r_{O_2} + \frac{1}{2}\alpha)}.$$

Daher wird bei gleicher Temperatur für das theoretische Feuergas (mit $r_{O_2} = 0$) wie früher

$$K_p = p \cdot \frac{\alpha_0^3}{(1+\alpha_0)^2 \cdot (1 + b + \frac{1}{2}\alpha_0)}.$$

Beide Werte K_p stellen die Gleichgewichtskonstante der dissoziierenden Kohlensäure im Feuergas bei der gleichen Temperatur dar und sind daher gleich, da K_p nur eine Funktion der Temperatur ist.

Setzt man daher

$$K_p = p \cdot a_0$$

mit

$$a_0 = \frac{\alpha_0^3}{(1-\alpha_0)^2 \cdot (1 + b + \frac{1}{2}\alpha_0)},$$

so erhält man durch Gleichsetzen der beiden Ausdrücke für K_p die Beziehung

$$\frac{\alpha^2 (r_{O_2} + \frac{1}{2}\alpha)}{(1-\alpha)^2 (1 + b + r_{O_2} + \frac{1}{2}\alpha)} = a_0. \tag{1}$$

Da a_0 bekannt ist, wenn man α_0 ermittelt hat (oder K_p und p kennt), so läßt sich aus dieser Gleichung der gesuchte Dissoziationsgrad α als einzige Unbekannte ermitteln.

Da aber die Gleichung nach α vom dritten Grade ist, so führt ihre analytische Lösung auf einen umständlichen Ausdruck für α. Es empfiehlt sich daher entweder ein graphisches Verfahren wie früher[1] oder die Auflösung der Gleichung nach r_{O_2} anstatt nach α und graphische Auftragung von r_{O_2} in Funktion von α.

Da jedoch nicht nur r_{O_2}, sondern auch der Wert b (Stickstoffgehalt) eine Funktion der Luftüberschußzahl n ist, so ist es zunächst nötig, sowohl r_{O_2} als b durch n auszudrücken. Dieser Zusammenhang hängt jedoch von der Art des Brennstoffs ab und wird im folgenden für Feuergas aus Kohlenstoff ermittelt.

Ohne Luftüberschuß ist

$$C + O_2 + \tfrac{79}{21} N_2 = CO_2 + \tfrac{79}{21} N_2$$

also

$$b = \tfrac{79}{21}, \qquad r_{O_2} = 0.$$

Dagegen wird für die $n$fache Luftmenge

$$C + O_2 + (n-1) \cdot O_2 + n \cdot \tfrac{79}{21} N_2 = CO_2 + (n-1)\, O_2 + n \cdot \tfrac{79}{21} N_2$$

also

$$r_{CO_2} = n - 1$$
$$b = \tfrac{79}{21} \cdot n$$

und daher

$$1 + b + r_{O_2} = \tfrac{100}{21} \cdot n.$$

Mit diesen Werten ergibt Gl. 1

$$\frac{\alpha^2 (n - 1 + \frac{1}{2}\alpha)}{(1-\alpha)^2 (n \cdot \frac{100}{21} + \frac{1}{2}\alpha)} = a_0$$

und hieraus wird

$$n = \frac{\frac{1}{a_0}\left(\frac{\alpha}{1-\alpha}\right)^2 \cdot \left(1 - \frac{\alpha}{2}\right) + \frac{1}{2}\alpha}{\frac{1}{a_0}\left(\frac{\alpha}{1-\alpha}\right)^2 - \frac{100}{21}}. \tag{2}$$

Hiermit ist n in Funktion von α ausgedrückt.

[1] Vgl. auch W. Schüle, Techn. Thermodyn. Bd. 2, 4. Aufl., Abschn. 60.

Die obere Grenze $n = \infty$ tritt nach Gl. 2 ein, wenn der Nenner Null wird, also mit

$$\frac{1}{a_0}\left(\frac{\alpha}{1-\alpha}\right)^2 = \frac{100}{21},$$

woraus

$$\alpha_{\min} = \frac{1}{1+\sqrt{\frac{21}{100\,a_0}}}. \tag{3}$$

Bis zu dieser unteren Grenze, also nicht bis $\alpha = 0$, nimmt der Dissoziationsgrad ab, wenn der Luftüberschuß unbeschränkt zunimmt.

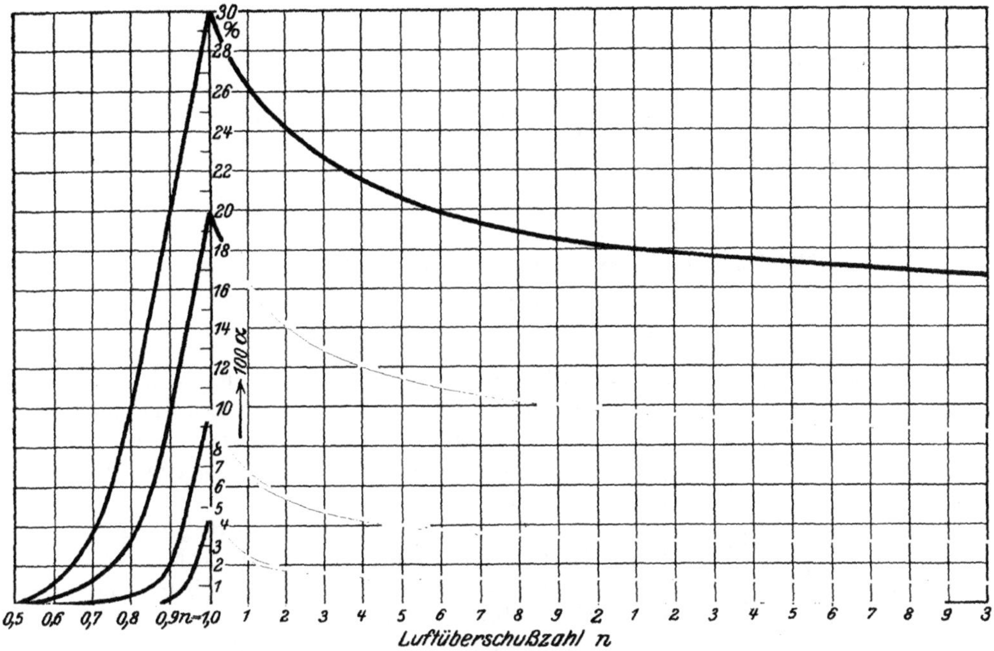

Abb. 51.

Trägt man als Ordinaten die Werte von α, als Abszissen die Werte von n nach Gl. 2 auf, so erhält man für jedes α_0 eine Kurve, wie Abb. 51 rechts für die Werte $100\,\alpha_0 = 5$, 10, 20, 30% zeigt. Aus dieser Kurvenschar kann man den zu einem beliebigen Luftüberschuß gehörigen Dissoziationsgrad ablesen, wenn der Dissoziationsgrad α_0 des Kohlenstoff-Feuergases für $n = 1$ bekannt ist. Der Abfall dieser Kurven zeigt, wie mit zunehmendem Luftüberschuß der Dissoziationsgrad (bei gleicher Temperatur) abnimmt. Würde nicht der Sauerstoffüberschuß der Dissoziation entgegenwirken, so müßte bei gleicher Temperatur der Dissoziationsgrad mit wachsendem Luftüberschuß zunehmen, weil der Teildruck immer kleiner wird. Der untere Grenzwert, der bei $n = \infty$ erreicht wird, erklärt sich hieraus.

b) Feuergas mit Luftmangel. Ein Feuergas, das in dissoziationsfreiem Zustand auf 1 m³ CO_2 r_{CO} m³ Kohlenoxyd und b m³ Stickstoff enthält, ist im dissoziierenden Zustand zusammengesetzt, wie Abb. 52

zeigt. Daraus folgen die Teildrucke

$$p_{CO_2} = p \cdot \frac{1 - \alpha}{1 + b + r_{CO} + \frac{\alpha}{2}}$$

$$p_{CO} = p \cdot \frac{r_{CO} + \alpha}{1 + b + r_{CO} + \frac{\alpha}{2}}$$

$$p_{O_2} = p \cdot \frac{\frac{1}{2}\alpha}{1 + b + r_{CO} + \frac{\alpha}{2}}.$$

Daraus folgt

$$K_p = p \cdot \frac{(\alpha + r_{CO})^2 \cdot \alpha}{(1-\alpha)^2\,(2 + \alpha + 2b + 2r_{CO})},$$

und für $n = 1$, also $r_{CO} = 0$

$$K_p = p \cdot \frac{\alpha_0^3}{(1-\alpha_0)^2\,(2 + \alpha_0 + 2\,b)} = a_0.$$

Durch Gleichsetzen dieser beiden Ausdrücke folgt

$$\frac{(\alpha + r_{CO})^2 \cdot \alpha}{(1-\alpha)^2\,(2 + \alpha + 2b + 2r_{CO})} = a_0. \qquad (4)$$

Um aus dieser Gleichung α für eine bestimmte Luftmangelzahl n ausrechnen zu können, hat man erst r_{CO} und b durch n auszudrücken. Dieser Zusammenhang ist wieder von der Art des Brennstoffs abhängig.

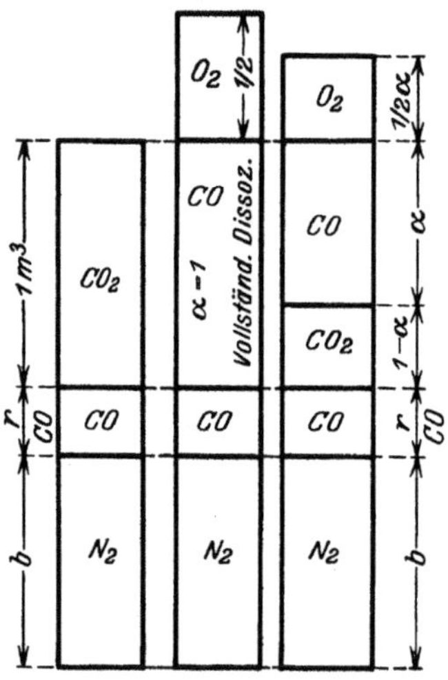

Abb. 52.

Für das Feuergas aus Kohlenstoff und Luft wird, wenn von 1 kg Kohlenstoff x Bruchteile zu CO_2, also $1 - x$ Bruchteile zu CO verbrennen, die Zusammensetzung wie in der früheren Abb. 45, da gemäß

$$C + O_2 = CO_2$$

und

$$C + \tfrac{1}{2}\,O_2 = CO$$

die Kohlensäure und das Kohlenoxyd, die je 1 kg Kohlenstoff entstehen, das gleiche Volumen besitzen.

Das Sauerstoffvolumen ist bei Luftmangel ($n < 1$)

$$x + \tfrac{1}{2}(1 - x) = \tfrac{1}{2}(1 + x)$$

und für $n = 1$, $x = 0$ daher 1, somit

$$n = \tfrac{1}{2}\,(1 + x)$$

und

$$r_{CO} = \frac{1 - x}{x} = \frac{2\,(1 - n)}{2n - 1} \quad \text{oder} \quad n = \frac{1 + \frac{1}{2}r_{CO}}{1 + r_{CO}}. \qquad (5)$$

Ferner wird

$$b = \frac{79}{21}\,\frac{n}{x} = \frac{79}{21}\,\frac{n}{2n - 1}.$$

und für $n = 1$

$$b_0 = \frac{79}{21}.$$

Mit diesen Werten ergibt Gl. 4

$$\frac{(\alpha + r_{CO})^2 \cdot \alpha}{(1-\alpha)^2 \cdot [2(1+b_0) + r_{CO}(2+b_0) + \alpha]} = a_0. \tag{6}$$

Aus dieser Gleichung ist α in Funktion von r_{CO} bestimmt, jedoch nur durch Lösung einer Gleichung 3. Grades. Nach r_{CO} ist dagegen die Gleichung vom 2. Grade. In der Form

$$r_{CO}^2 + r_{CO} \cdot \left[2\alpha - a_0 \cdot \frac{(1-\alpha)^2}{\alpha}(2+b_0)\right] = a_0 \frac{(1-\alpha)^2}{\alpha}[2(1+b_0)+\alpha] - \alpha^2 \tag{7}$$

ist sie zahlenmäßig leicht lösbar, während die analytische Lösung sehr umständliche Ausdrücke ergibt.

Hat man r_{CO} für bestimmte Werte von a_0 (bzw. α_0) und von α berechnet, so erhält man daraus den Wert n mittels Gl. 5

In Abb. 51 sind die so erhaltenen Werte von α als Ordinaten zu den Werten von n als Abszissen (nach links) aufgetragen, und zwar für die gleichen Werte von α_0, wie oben bei Luftüberschuß. Die Kurven fallen wesentlich rascher ab als die Kurven für den Luftüberschuß und endigen alle mit $\alpha = 0$ bei $n = 0{,}5$, wie aus Gl. 5 in Verbindung mit Gl. 6 folgt. Mit $n = 0{,}5$ wird nämlich nach Gl. 5 $r_{CO} = \infty$, d. h. es ist keine Kohlensäure, sondern nur noch Kohlenoxyd im Feuergas vorhanden. Setzt man in Gl. 7 $\alpha = 0$, so wird gleichfalls $r_{CO} = \infty$.

c) Wärmeaufnahme bei Luftüberschuß für das Kohlenstoff-Feuergas. Im dissoziationsfreien Zustand ist das Feuergas bei der $n$fachen theoretischen Luftmenge gemäß der Reaktionsgleichung

$$C + O_2 + (n-1)\,O_2 + n \cdot \tfrac{79}{21} N_2 = CO_2 + (n-1)\,O_2 + n \cdot \tfrac{79}{21} N_2$$

zusammengesetzt aus 1 Raumteil CO_2, $(n-1)$ Raumteilen O_2 und $n \cdot \frac{79}{21}$ Raumteilen N_2; je 1 m³ CO_2 beträgt das Gesamtvolumen daher $1 + (n-1) + n \cdot \frac{79}{21}$ m³. Ohne Luftüberschuß ($n = 1$) ist das Gesamtvolumen $1 + \frac{79}{21}$ m³. Das Volumen der überschüssigen Luft im Feuergas ist also $n - 1 + (n-1) \cdot \frac{79}{21}$ oder $(n-1)(1 + \frac{79}{21})$ m³ und beträgt somit $(n-1)$ Bruchteile des Volumens des theoretischen Feuergases. Im Gesamtraum des Feuergases nimmt die überschüssige Luft den Bruchteil $\mathfrak{v}_l = \frac{(n-1)(1+\frac{79}{21})}{1+(n-1)+n\cdot\frac{79}{21}} = \frac{n-1}{n}$ ein und das theoretische Feuergas den Bruchteil $1 - \mathfrak{v}_l = \frac{1}{n}$, während der Raumanteil der Kohlensäure $\mathfrak{v}_{CO_2} = 0{,}21\,(1 - \mathfrak{v}_l)$ ist.

Trägt man nun die Wärmeinhalte der Menge von 1 m³ 0° 760 als Ordinaten zu den Temperaturen als Abszissen auf, Tafel II, so erhält man für jeden Luftüberschuß n eine Kurve und als untere Grenzkurve die der reinen Luft, als obere die des reinen (theoretischen) Feuergases. Im dissoziationsfreien Gebiet erhält man aus diesen beiden Kurven die Wärmekurven für beliebige Luftgehalte $\mathfrak{v}_l$, indem man die zwischen ihnen liegenden Ordinatenstücke gleichförmig einteilt, wie bei Tafel I gezeigt wurde.

Diese dissoziationsfreie Kurvenschar bildet die Grundlage für die Wärmekurven des Dissoziationsgebiets, wo zu dem Wärmeinhalt noch die Dissoziationswärme der CO_2 hinzutritt. Beim Dissoziationsgrad α_k enthält 1 m³ Feuergas $\mathfrak{v}_{CO_2}(1-\alpha_k)$ m³ Kohlensäure, $\mathfrak{v}_{CO}\cdot\alpha_k$ m³ Kohlenoxyd und $\frac{1}{2}\,\mathfrak{v}_{CO}\cdot\alpha_k$ m³ Sauerstoff. Seine Wärme bei konstantem Druck ist also

$$Q_p = \mathfrak{v}_{CO_2}(1-\alpha_k)\,\mathfrak{J}_{CO_2} + \mathfrak{v}_{CO_2}\cdot\alpha_k\cdot\mathfrak{J}_{CO} + \tfrac{1}{2}\,\mathfrak{v}_{CO_2}\cdot\alpha_k\cdot\mathfrak{J}_{CO_2} + (1-\mathfrak{v}_{CO_2})\cdot\mathfrak{J}_{2\,\mathrm{atom}} + \mathfrak{v}_{CO_2}\cdot\alpha_k\cdot\mathfrak{W}_{m\,CO_2},$$

oder

$$Q_p = \mathfrak{v}_{CO_2}\cdot\mathfrak{J}_{CO_2} + (1-\mathfrak{v}_{CO_2})\,\mathfrak{J}_{2\,\mathrm{atom}} - \mathfrak{v}_{CO_2}\,\alpha_k\,[\mathfrak{J}_{CO_2} - 1{,}5\,\mathfrak{J}_{2\,\mathrm{atom}}] + \mathfrak{v}_{CO_2}\,\alpha_k\,\mathfrak{W}_{m\,CO_2}.$$

Die beiden ersten Glieder stellen die Wärmeaufnahme des nicht dissoziierenden Gases, die beiden letzten die infolge der Dissoziation der CO_2 zusätzlich aufgenommene Wärme dar, ganz wie oben Abschnitt 13. Dort ist bereits die gesamte Wärmeaufnahme für das theoretische Kohlenstoff-Luft-Feuergas bestimmt worden (Abb. 24). Um auch für die Feuergase mit Luftüberschuß diese Werte zu ermitteln, hat man zunächst die bei den Temperaturen von etwa 1800—2600° und einem Gesamtdruck von 1 at der Feuergase eintretenden Dissoziationsgrade α_k zu ermitteln. Zu diesem Zweck wurden zuerst aus Abb. 24 die Temperaturen ermittelt, die bei dem theoretischen Feuergas zu den Dissoziationsgraden $100\,\alpha_k = 5$, 10, 20, 30, 50 % gehören. Dies sind 1815°, 1970°, 2170°, 2310°, 2560° C. Bei diesen Temperaturen sind dann die Dissoziationsgrade der verdünnten Feuergase für

	$\mathfrak{v}_l =$ 0,1	0,2	0,3	0,4	0,5	bis 1,0
also	$n =$ 1,11	1,25	1,43	1,67	2,00	„ ∞

aus Abb. 51 bestimmt worden. Für $n = 2$ ergab sich z. B. für

$100\,\alpha_0 =$ 5	10	20	30	50 %
$100\,\alpha_k =$ 1,2	3,2	9,8	18,1	38,6 %.

In Tafel II sind diese Werte als Ordinaten nach unten für jeden Luftüberschuß aufgetragen. Damit konnten auch die zusätzlichen Dissoziationswärmen bestimmt werden und hiermit ergaben sich die in Tafel II für $\mathfrak{v}_l = 0{,}8$, 0,5 und 0,2 eingetragenen Kurven der Wärmeaufnahme im Dissoziationsgebiet. Auf diesen Kurven sind auch die Punkte gleich großen Dissoziationsgrades bestimmt worden, durch deren Verbindung die eingetragenen Kurven gleicher Dissoziation gewonnen wurden.

Das Diagramm Tafel II gilt nur für atmosphärischen Druck. Für höhere Drücke rückt im Dissoziationsgebiet die obere Grenzkurve tiefer und mit ihr auch die übrigen Wärmekurven, sowie die Kurven gleicher Dissoziation. Auch gilt das Diagramm zunächst nur für die Kohlenstoff-Feuergase. Mit Rücksicht darauf, daß die verschiedenen technischen Feuergase nur wenig voneinander verschiedene obere Wärmeinhaltskurven besitzen[1], kann jedoch Tafel II als typisch für alle technischen Feuergase angesehen werden[2].

---

[1] Vgl. W. Schüle: Die thermischen Werte der technischen Feuergase. Z. V. d. I. 1916, — P. Rosin: Das It-Diagramm der Verbrennung. Z. V. d. I. 1927.

[2] Mit dem von Rosin entworfenen mittleren Diagramm für technische Feuergase stimmt sie im wesentlichen überein.

Wärmetabellen.

I. Wasserdampf (im Gaszustand).

t °C	$\mathfrak{U}$	U	$\mathfrak{J}$	J	$\mathfrak{C}_{v_m}$	c_{v_m}	C_{v_m}	$\mathfrak{C}_v$	c_v	C_v	$\mathfrak{C}_{p_m}$	c_{p_m}	C_{p_m}	$\mathfrak{C}_p$	c_p	C_p	$\frac{c_p}{c_v}$
	Innere Energie kcal		Wärmeinhalt kcal		Mittlere spezif. Wärme kcal/1°			Wahre spezif. Wärme kcal/1°			Mittlere spezif. Wärme kcal/1°			Wahre spezif. Wärme kcal/1°			
	1 m³ 0° 760	1 kg	1 m³ 0° 760	1 kg	1 m³ 0° 760	1 kg	1 Mol	1 m³ 0° 760	1 kg	1 Mol	1 m³ 0° 760	1 kg	1 Mol	1 m³ 0° 760	1 kg	1 Mol	
0	0	0	0	0	0,276	0,342	6,18	0,276	0,343	6,18	0,365	0,453	8,17	0,365	0,453	8,17	1,322
100	28,0	34,8	36,9	45,9	0,280	0,348	6,27	0,284	0,352	6,34	0,369	0,459	8,26	0,371	0,462	8,32	1,314
200	56,6	70,4	74,4	92,6	0,283	0,352	6,35	0,290	0,361	6,50	0,372	0,463	8,34	0,378	0,471	8,49	1,306
300	86,1	106	113	140	0,287	0,357	6,43	0,298	0,371	6,67	0,376	0,468	8,42	0,386	0,481	8,66	1,298
400	116	144	152	188	0,290	0,360	6,50	0,306	0,380	6,84	0,379	0,471	8,49	0,394	0,490	8,82	1,290
500	147	183	191	238	0,294	0,366	6,58	0,313	0,389	7,00	0,383	0,476	8,57	0,401	0,499	8,99	1,284
600	179	222	232	288	0,298	0,370	6,66	0,320	0,398	7,17	0,387	0,480	8,65	0,409	0,508	9,16	1,277
700	211	262	273	339	0,301	0,374	6,74	0,328	0,407	7,34	0,390	0,485	8,73	0,416	0,517	9,32	1,271
800	244	302	315	391	0,305	0,377	6,82	0,335	0,417	7,50	0,394	0,489	8,81	0,423	0,527	9,49	1,264
900	277	344	357	445	0,308	0,383	6,90	0,342	0,427	7,67	0,397	0,493	8,90	0,432	0,537	9,66	1,258
1000	312	388	401	499	0,312	0,388	6,99	0,354	0,440	7,94	0,401	0,499	8,98	0,443	0,550	9,93	1,251
1100	348	433	445	554	0,316	0,392	7,09	0,365	0,454	8,18	0,405	0,503	9,08	0,454	0,564	10,17	1,243
1200	385	478	491	610	0,321	0,398	7,19	0,373	0,471	8,35	0,409	0,508	9,17	0,467	0,581	10,34	1,234
1300	422	525	537	667	0,324	0,404	7,26	0,396	0,493	8,87	0,413	0,513	9,25	0,485	0,603	10,86	1,224
1400	461	572	585	727	0,329	0,410	7,37	0,421	0,522	9,43	0,418	0,520	9,36	0,510	0,632	11,42	1,211
1500	504	626	637	793	0,336	0,418	7,53	0,446	0,553	9,99	0,425	0,528	9,52	0,535	0,663	11,98	1,200
1600	550	683	692	859	0,343	0,427	7,68	0,471	0,585	10,54	0,432	0,538	9,66	0,560	0,695	12,52	1,189
1700	599	744	749	932	0,353	0,438	7,90	0,497	0,618	11,13	0,441	0,548	9,89	0,586	0,728	13,11	1,178
1800	650	806	810	1007	0,361	0,449	8,09	0,522	0,648	11,69	0,450	0,559	10,08	0,611	0,758	13,68	1,170
1900	710	881	878	1090	0,371	0,462	8,33	0,547	0,681	12,28	0,461	0,572	10,31	0,636	0,791	14,27	1,161
2000	760	944	937	1165	0,380	0,472	8,52	0,573	0,713	12,84	0,469	0,583	10,51	0,662	0,823	14,83	1,154
2100	818	1018	1004	1250	0,389	0,483	8,72	0,598	0,743	13,40	0,478	0,593	10,71	0,687	0,853	15,39	1,147
2200	879	1090	1075	1337	0,399	0,496	8,95	0,624	0,776	13,99	0,488	0,606	10,93	0,713	0,886	15,98	1,142
2300	943	1170	1145	1427	0,411	0,508	9,20	0,649	0,808	14,55	0,500	0,618	11,18	0,738	0,918	16,53	1,136
2400	1008	1251	1221	1519	0,420	0,522	9,41	0,674	0,838	15,10	0,509	0,632	11,40	0,763	0,948	17,09	1,131
2500	1077	1339	1299	1615	0,431	0,534	9,65	0,700	0,870	15,69	0,520	0,644	11,64	0,789	0,980	17,68	1,126
2600	1149	1428	1379	1715	0,442	0,549	9,90	0,725	0,902	16,24	0,531	0,659	11,89	0,814	1,012	18,23	1,122
2700	1222	1520	1461	1817	0,453	0,562	10,17	0,750	0,933	16,80	0,542	0,672	12,16	0,839	1,043	18,79	1,118
2800	1303	1610	1544	1920	0,463	0,575	10,38	0,775	0,963	17,36	0,552	0,685	12,38	0,863	1,073	19,35	1,114
2900	1381	1703	1628	2022	0,473	0,587	10,60	0,800	0,994	17,91	0,561	0,698	12,58	0,888	1,104	19,90	1,111
3000	1463	1798	1713	2132	0,482	0,599	10,80	0,826	1,025	18,50	0,571	0,710	12,80	0,914	1,135	20,49	1,107

II. Stickstoff und zweiatomige Gase (O_2, CO, Luft).

t	$\mathfrak{U}$	U	$\mathfrak{J}$	J	$\mathfrak{C}_{v_m}$	c_{v_m}	C_{v_m}	$\mathfrak{C}_v$	c_v	C_v	$\mathfrak{C}_{p_m}$	c_{p_m}	C_{p_m}	$\mathfrak{C}_p$	c_p	C_p	$\frac{c_p}{c_v}$
°C	Innere Energie kcal		Wärmeinhalt kcal		Mittlere spezif. Wärme kcal/1°			Wahre spezif. Wärme kcal/1°			Mittlere spezif. Wärme kcal/1°			Wahre spezif. Wärme kcal/1°			
	1 m³ 0° 760	1 kg Luft	1 m³ 0° 760	1 kg Luft	1 m³ 0° 760	1 kg Luft	1 Mol	1 m³ 0° 760	1 kg Luft	1 Mol	1 m³ 0° 760	1 kg Luft	1 Mol	1 m³ 0° 760	1 kg Luft	1 Mol	
0	0	0	0	0	0,223	0,172	4,99	0,223	0,172	4,99	0,312	0,240	6,98	0,312	0,240	6,98	1,400
100	22,4	17,3	31,3	24,1	0,224	0,173	5,02	0,226	0,174	5,05	0,313	0,241	7,01	0,314	0,242	7,03	1,392
200	45,2	34,8	62,8	48,4	0,226	0,174	5,05	0,228	0,176	5,10	0,314	0,242	7,03	0,316	0,244	7,09	1,390
300	68,1	52,5	94,5	72,9	0,227	0,175	5,07	0,230	0,178	5,15	0,315	0,243	7,06	0,319	0,246	7,14	1,386
400	91,2	70,4	126	97,6	0,228	0,176	5,10	0,233	0,180	5,21	0,316	0,244	7,09	0,321	0,248	7,19	1,380
500	115	88,5	158	122	0,229	0,177	5,13	0,235	0,182	5,26	0,317	0,245	7,11	0,324	0,250	7,25	1,378
600	138	106	191	148	0,230	0,178	5,15	0,237	0,184	5,31	0,319	0,246	7,14	0,326	0,252	7,30	1,374
700	162	125	224	173	0,232	0,179	5,20	0,240	0,186	5,37	0,321	0,247	7,19	0,329	0,254	7,37	1,370
800	186	144	257	199	0,233	0,180	5,23	0,244	0,189	5,47	0,322	0,248	7,21	0,333	0,257	7,46	1,363
900	213	165	293	227	0,236	0,183	5,28	0,248	0,192	5,55	0,325	0,251	7,28	0,337	0,260	7,55	1,357
1000	240	185	329	255	0,239	0,185	5,36	0,252	0,195	5,64	0,328	0,253	7,35	0,341	0,263	7,64	1,352
1100	265	205	363	281	0,241	0,186	5,40	0,256	0,198	5,73	0,330	0,254	7,39	0,345	0,266	7,73	1,346
1200	292	226	398	308	0,243	0,188	5,45	0,260	0,202	5,83	0,332	0,256	7,44	0,349	0,270	7,82	1,341
1300	318	246	433	335	0,245	0,189	5,49	0,264	0,204	5,92	0,334	0,257	7,48	0,354	0,272	7,92	1,335
1400	345	266	469	362	0,246	0,191	5,52	0,268	0,208	6,00	0,336	0,259	7,51	0,357	0,276	8,00	1,330
1500	372	288	505	390	0,248	0,192	5,56	0,272	0,210	6,08	0,337	0,260	7,55	0,360	0,278	8,06	1,326
1600	399	308	541	418	0,249	0,193	5,58	0,275	0,212	6,15	0,338	0,261	7,57	0,363	0,280	8,14	1,322
1700	426	329	577	446	0,251	0,194	5,62	0,278	0,215	6,22	0,340	0,262	7,61	0,366	0,283	8,20	1,319
1800	454	351	614	474	0,253	0,195	5,65	0,281	0,217	6,30	0,342	0,263	7,64	0,370	0,285	8,28	1,315
1900	483	374	651	503	0,255	0,196	5,70	0,284	0,219	6,37	0,344	0,264	7,69	0,373	2,288	8,36	1,312
2000	511	395	688	532	0,256	0,197	5,73	0,287	0,222	6,44	0,345	0,265	7,72	0,376	0,290	8,43	1,310
2100	540	417	726	561	0,257	0,199	5,76	0,291	0,225	6,51	0,346	0,267	7,75	0,379	0,293	8,50	1,306
2200	569	439	764	591	0,259	0,200	5,80	0,294	0,227	6,58	0,348	0,268	7,79	0,382	0,295	8,57	1,302
2300	599	463	803	621	0,260	0,201	5,83	0,297	0,229	6,65	0,349	0,269	7,82	0,386	0,297	8,64	1,299
2400	629	486	842	650	0,262	0,202	5,87	0,300	0,232	6,72	0,351	0,270	7,86	0,389	0,300	8,71	1,296
2500	659	509	881	681	0,264	0,204	5,90	0,303	0,234	6,79	0,353	0,271	7,88	0,392	0,302	8,78	1,293
2600	689	532	919	710	0,265	0,205	5,93	0,307	0,237	6,86	0,354	0,272	7,92	0,395	0,305	8,85	1,289
2700	720	556	959	741	0,267	0,206	5,97	0,310	0,239	6,93	0,356	0,274	7,96	0,398	0,307	8,92	1,286
2800	751	580	999	772	0,268	0,207	6,00	0,313	0,242	7,00	0,357	0,275	7,99	0,401	0,310	8,99	1,283
2900	783	605	1040	804	0,270	0,209	6,04	0,316	0,244	7,07	0,359	0,277	8,03	0,405	0,312	9,06	1,280
3000	815	629	1081	835	0,271	0,210	6,07	0,319	0,247	7,14	0,360	0,278	8,06	0,408	0,315	9,13	1,277

III. Kohlensäure.

°C	$\mathfrak{U}$	U	$\mathfrak{J}$	J	$\mathfrak{C}_{v_m}$	c_{v_m}	C_{v_m}	$\mathfrak{C}_v$	c_v	C_v	$\mathfrak{C}_{p_m}$	c_{p_m}	C_{p_m}	$\mathfrak{C}_p$	c_p	C_p	$\frac{c_p}{c_v}$
	Innere Energie kcal		Wärmeinhalt kcal		Mittlere spezif. Wärme kcal/1°			Wahre spezif. Wärme kcal/1°			Mittlere spezif. Wärme kcal/1°			Wahre spezif. Wärme kcal/1°			
	1 m 0° 760	1 kg	1 m³ 0° 760	1 kg	1 m³ 0° 760	1 kg	1 Mol	1 m³ 0° 760	1 kg	1 Mol	1 m³ 0° 760	1 kg	1 Mol	1 m³ 0° 760	1 kg	1 Mol	
0	0	0	0	0	0,298	0,152	6,68	0,298	0,152	6,68	0,387	0,197	8,67	0,386	0,197	8,67	1,297
100	32,2	16,4	41,0	20,9	0,322	0,164	7,21	0,344	0,175	7,69	0,410	0,209	9,19	0,432	0,220	9,68	1,258
200	68,4	34,8	86,0	43,8	0,342	0,174	7,65	0,378	0,192	8,46	0,430	0,219	9,64	0,465	0,237	10,40	1,235
300	107	54,6	134	68,1	0,357	0,182	8,02	0,404	0,206	9,04	0,447	0,227	10,01	0,491	0,251	11,00	1,219
400	149	75,6	185	93,6	0,372	0,189	8,33	0,423	0,215	9,46	0,462	0,234	10,32	0,509	0,260	11,40	1,210
500	192	97,5	236	120	0,384	0,195	8,59	0,435	0,222	9,75	0,472	0,240	10,58	0,523	0,267	11,70	1,203
600	236	120	289	147	0,393	0,200	8,80	0,446	0,227	9,99	0,482	0,245	10,79	0,535	0,272	12,00	1,198
700	281	143	342	175	0,401	0,204	8,97	0,458	0,234	10,28	0,489	0,249	10,96	0,547	0,279	12,20	1,193
800	325	166	396	202	0,406	0,207	9,09	0,470	0,239	10,52	0,495	0,252	11,08	0,559	0,284	12,51	1,188
900	373	190	453	231	0,414	0,211	9,28	0,482	0,245	10,80	0,503	0,256	11,27	0,571	0,290	12,79	1,184
1000	422	215	511	260	0,422	0,215	9,45	0,495	0,252	11,08	0,511	0,260	11,44	0,584	0,297	13,07	1,179
1100	472	240	570	290	0,428	0,218	9,60	0,507	0,258	11,37	0,517	0,263	11,59	0,596	0,303	13,36	1,175
1200	523	267	630	321	0,436	0,222	9,76	0,519	0,264	11,62	0,525	0,267	11,75	0,608	0,309	13,61	1,170
1300	575	293	690	352	0,442	0,225	9,90	0,531	0,271	11,90	0,531	0,270	11,89	0,620	0,316	13,89	1,165
1400	629	321	753	384	0,449	0,229	10,08	0,544	0,277	12,20	0,538	0,274	12,07	0,633	0,322	14,19	1,163
1500	684	348	817	416	0,456	0,232	10,21	0,556	0,283	12,45	0,545	0,277	12,20	0,645	0,328	14,44	1,160
1600	740	377	882	449	0,462	0,235	10,35	0,568	0,290	12,74	0,551	0,280	12,34	0,657	0,335	14,73	1,155
1700	798	406	949	483	0,468	0,239	10,50	0,580	0,296	13,00	0,557	0,284	12,49	0,669	0,341	14,99	1,152
1800	856	436	1016	517	0,475	0,242	10,65	0,593	0,302	13,30	0,564	0,287	12,64	0,682	0,347	15,29	1,150
1900	916	466	1085	552	0,482	0,245	10,80	0,605	0,308	13,56	0,571	0,290	12,79	0,694	0,353	15,55	1,145
2000	977	497	1154	588	0,488	0,248	10,95	0,618	0,315	13,86	0,577	0,293	12,94	0,707	0,360	15,85	1,143
2100	1040	530	1226	624	0,495	0,252	11,10	0,630	0,321	14,12	0,584	0,297	13,09	0,719	0,366	16,11	1,140
2200	1103	562	1298	661	0,502	0,255	11,25	0,642	0,327	14,38	0,591	0,300	13,24	0,731	0,372	16,37	1,137
2300	1168	595	1372	700	0,508	0,259	11,40	0,654	0,333	14,66	0,597	0,304	13,39	0,743	0,378	16,65	1,135
2400	1234	628	1447	736	0,514	0,262	11,52	0,667	0,340	14,93	0,603	0,307	13,51	0,756	0,385	16,92	1,132
2500	1301	663	1523	776	0,520	0,265	11,65	0,679	0,346	15,20	0,609	0,310	13,64	0,768	0,391	17,19	1,130
2600	1370	698	1601	817	0,527	0,269	11,81	0,691	0,352	15,48	0,616	0,314	13,80	0,780	0,397	17,47	1,127
2700	1440	733	1679	855	0,533	0,272	11,95	0,703	0,358	15,76	0,622	0,317	13,94	0,792	0,403	17,75	1,125
2800	1510	769	1758	895	0,539	0,275	12,09	0,716	0,365	16,04	0,628	0,320	14,08	0,805	0,410	18,03	1,123
2900	1582	806	1839	936	0,546	0,278	12,22	0,728	0,371	16,32	0,635	0,323	14,21	0,817	0,416	18,31	1,121
3000	1656	843	1922	980	0,552	0,281	12,38	0,740	0,377	16,60	0,641	0,326	14,37	0,829	0,422	18,59	1,118

IV. Zwischen 3000 und 4000° C für CO_2, H_2O und einfache Gase.

t °C	Einfache Gase		CO_2			log K_p (p in at)	H_2O				K_{p_w}
	$\mathfrak{U}$ kcal/m³ 0° 760	$\mathfrak{J}$ kcal/m³ 0° 760	$\mathfrak{U}$ kcal/m³ 0° 760	$\mathfrak{J}$ kcal/m³ 0° 760	W_p kcal/m³ 0° 760		$\mathfrak{U}$ kcal/m³ 0° 760	$\mathfrak{J}$ kcal/m³ 0° 760	W_p kcal/m³ 0° 760	log K_p	
3000	815	1081	1657	1923	2730	—0,022	1463	1729	2425	—2,118	10,5
3200	880	1163	1805	2088	2685	+0,453	1632	1915	2360	—1,658	11,1
3400	946	1247	1961	2262	2640	+0,848	1815	2116	2285	—1,303	11,9
3600	1013	1332	2123	2442	2585	+1,218	2005	2324	2205	—1,000	12,9
3800	1081	1418	2288	2625	2530	+1,529	2205	2542	2120	—0,750	13,8
4000	1150	1504	2457	2811	2475	+1,812	2415	2769	2020	—0,543	15,1

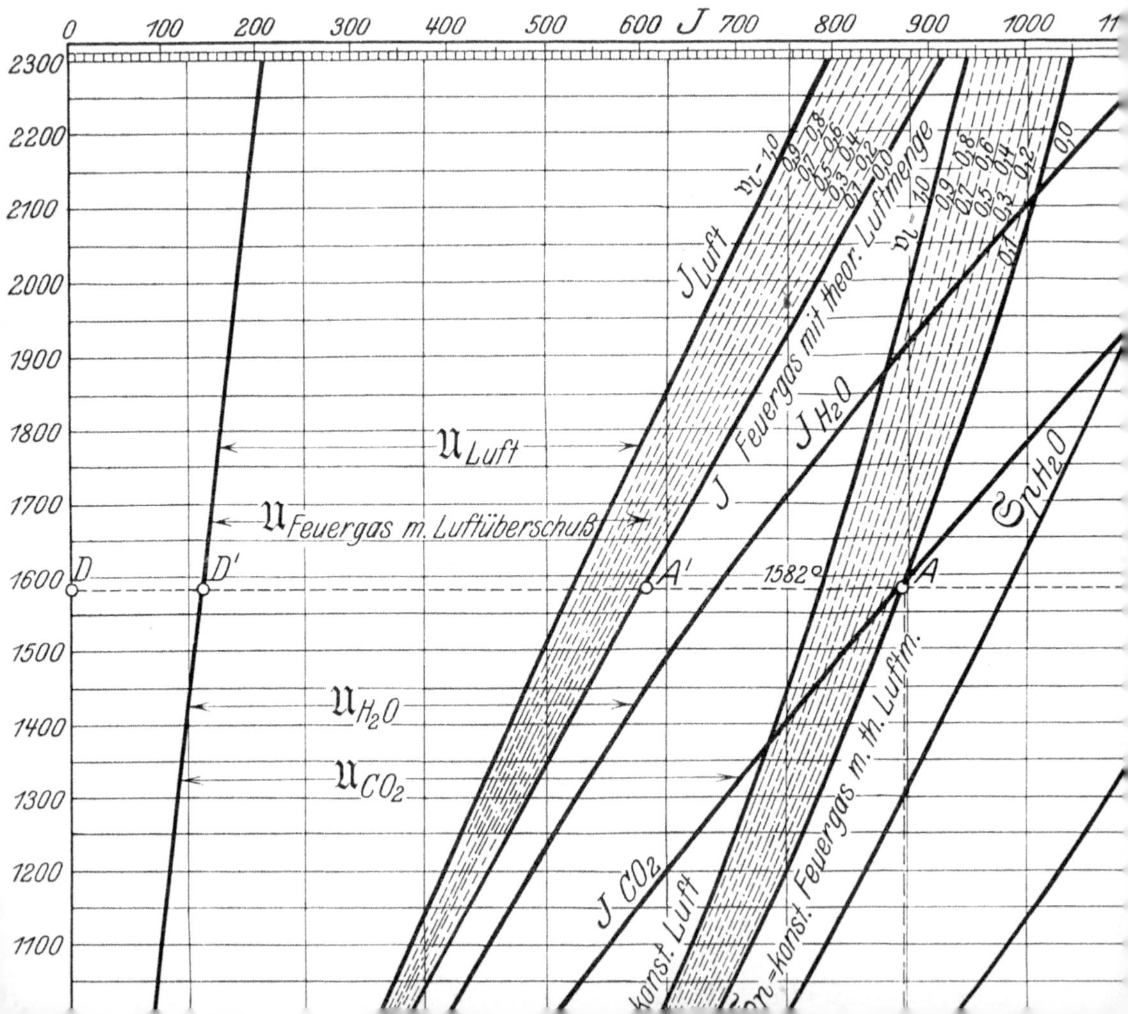
0 100 200 300 400 500 600 J 700 800 900 1000
2300 2200 2100 2000 1900 1800 1700 1600 1500 1400 1300 1200 1100
J Luft
𝔘 Luft
𝔘 Feuergas m. Luftüberschuß
J Feuergas mit theor. Luftmenge
J H2O
𝔘 H2O
𝔘 CO2
J CO2
D
D'
A'
A
1582°
𝔖n H2O
konst. Luft
𝔖n-konst. Feuergas m. th. Luftm.

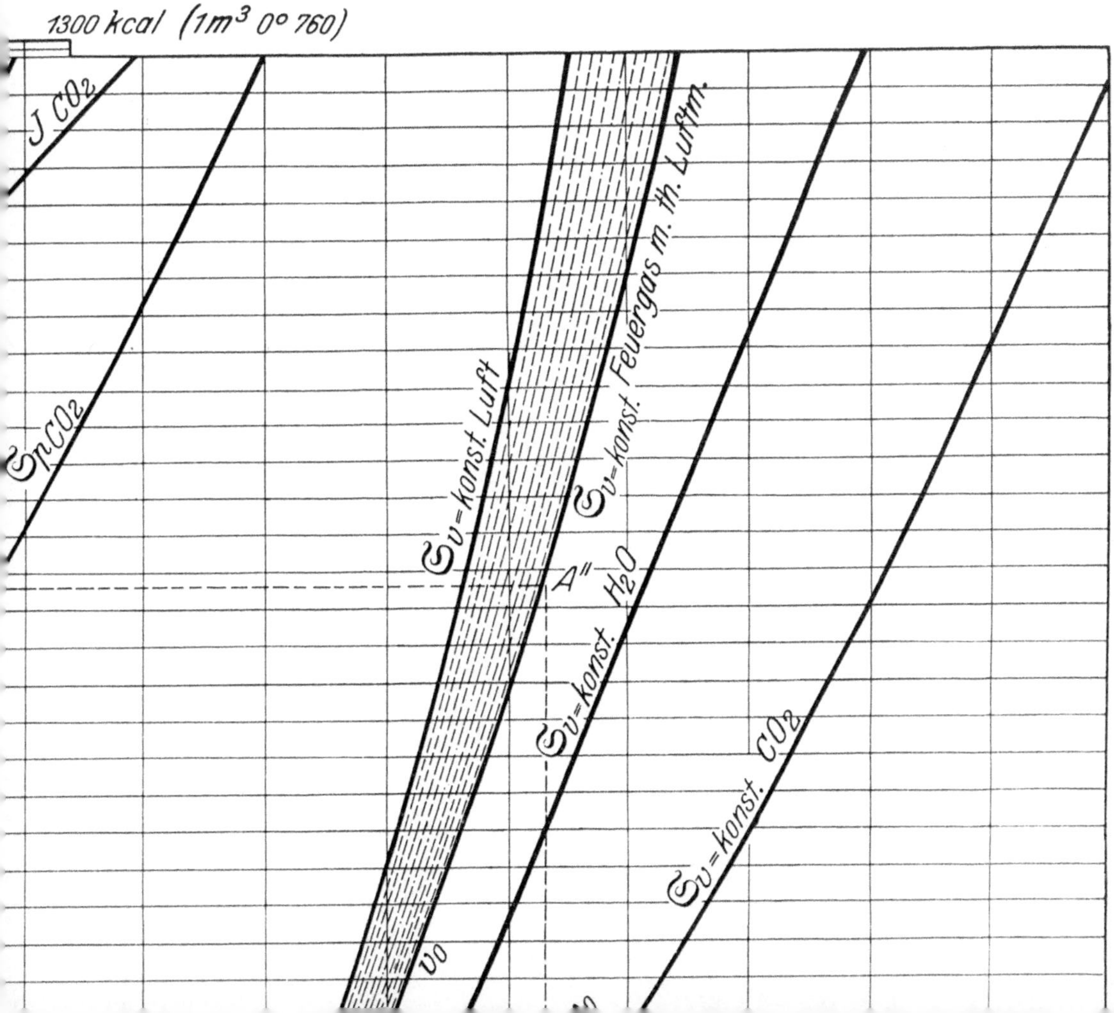
1300 kcal (1m³ 0° 760)
J CO2
𝔖p CO2
𝔖v=konst. Luft
𝔖v=konst. Feuergas m. th. Luftm.
A''
𝔖v=konst. H2O
𝔖v=konst. CO2
v0

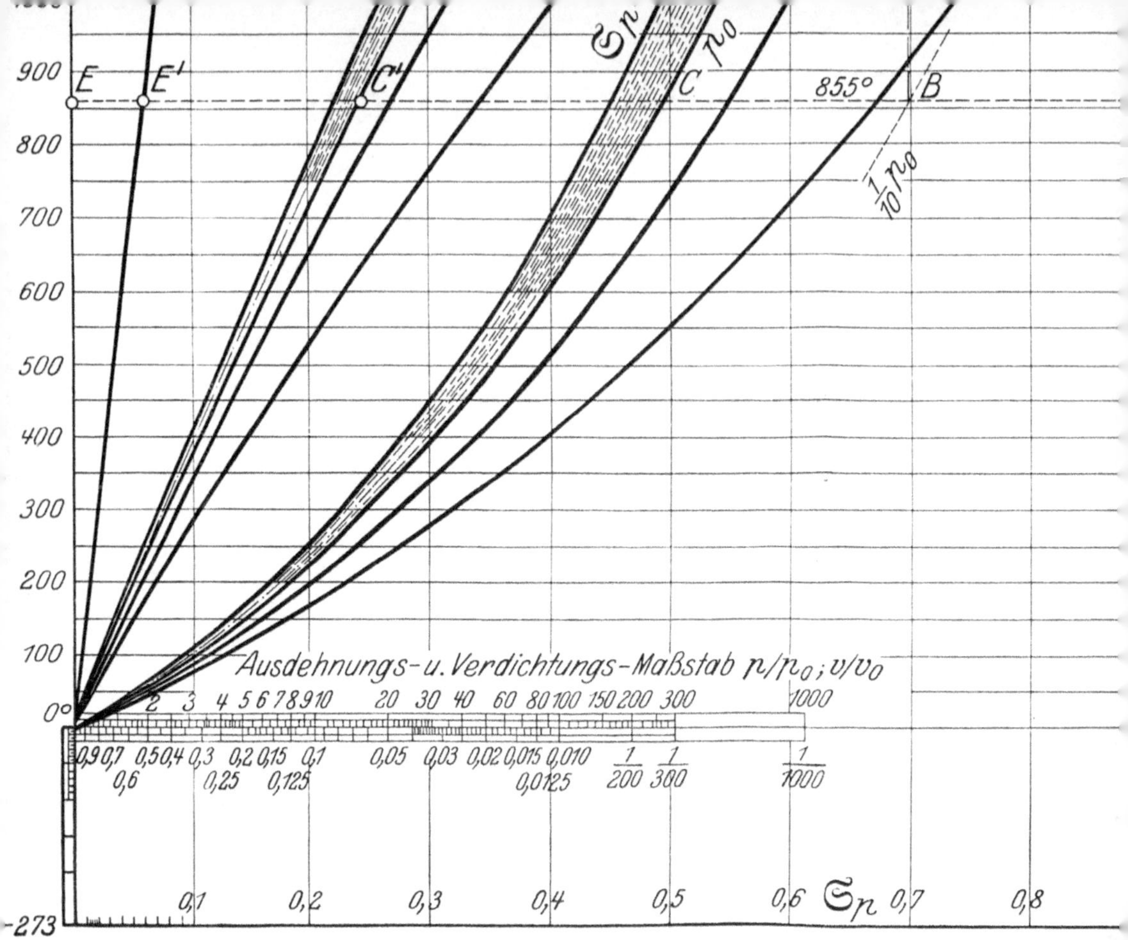

900
800
700
600
500
400
300
200
100
0°
-273
E
E'
C'
C
855°
B
$\mathfrak{S}_p$
p_0
$\frac{1}{10}p_0$
Ausdehnungs- u. Verdichtungs-Maßstab p/p_0; v/v_0
2 3 4 5 6 7 8 9 10 20 30 40 60 80 100 150 200 300 1000
0,9 0,7 0,5 0,4 0,3 0,2 0,15 0,1 0,05 0,03 0,02 0,015 0,010 1/200 1/300 1/1000
0,6 0,25 0,125 0,0125
0,1 0,2 0,3 0,4 0,5 0,6 $\mathfrak{S}_p$ 0,7 0,8

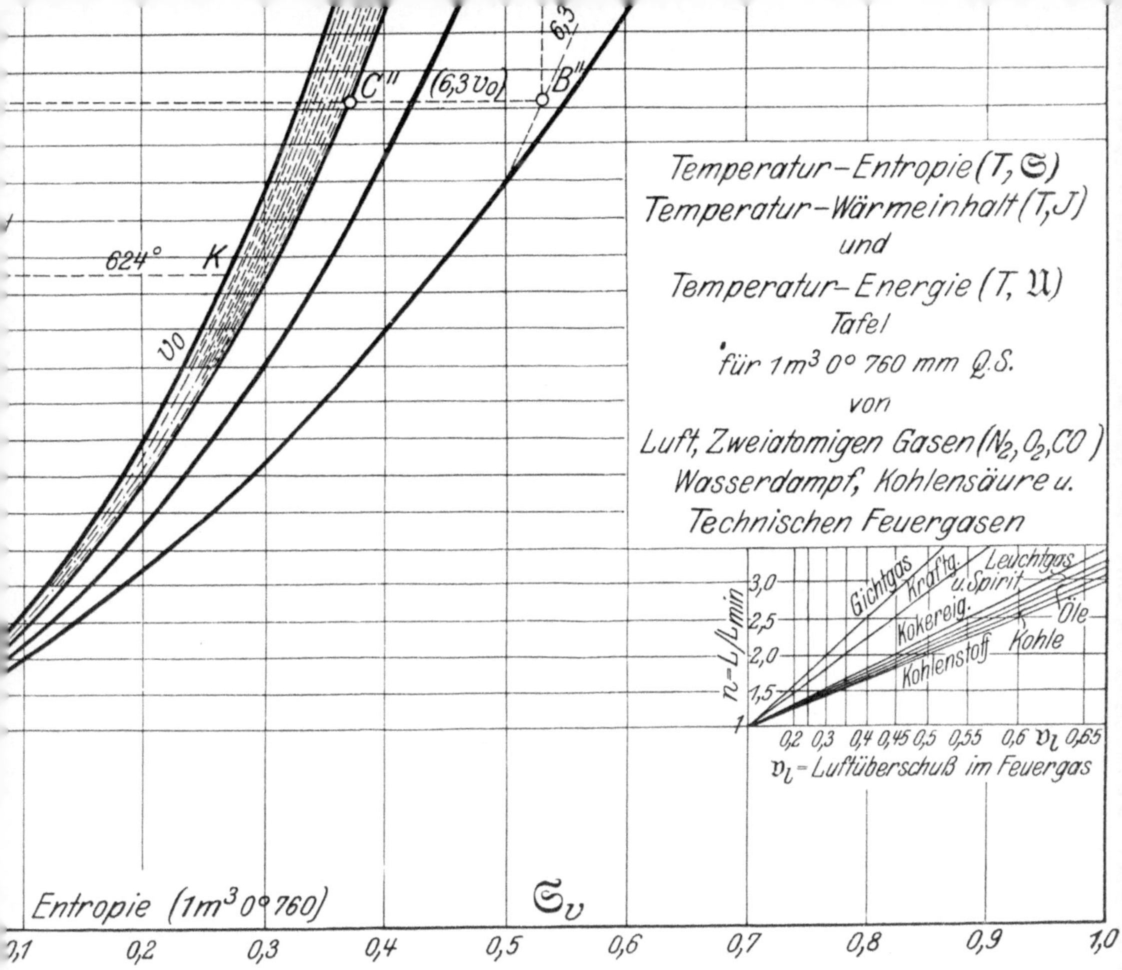

Verlag von Julius Springer, Berlin.

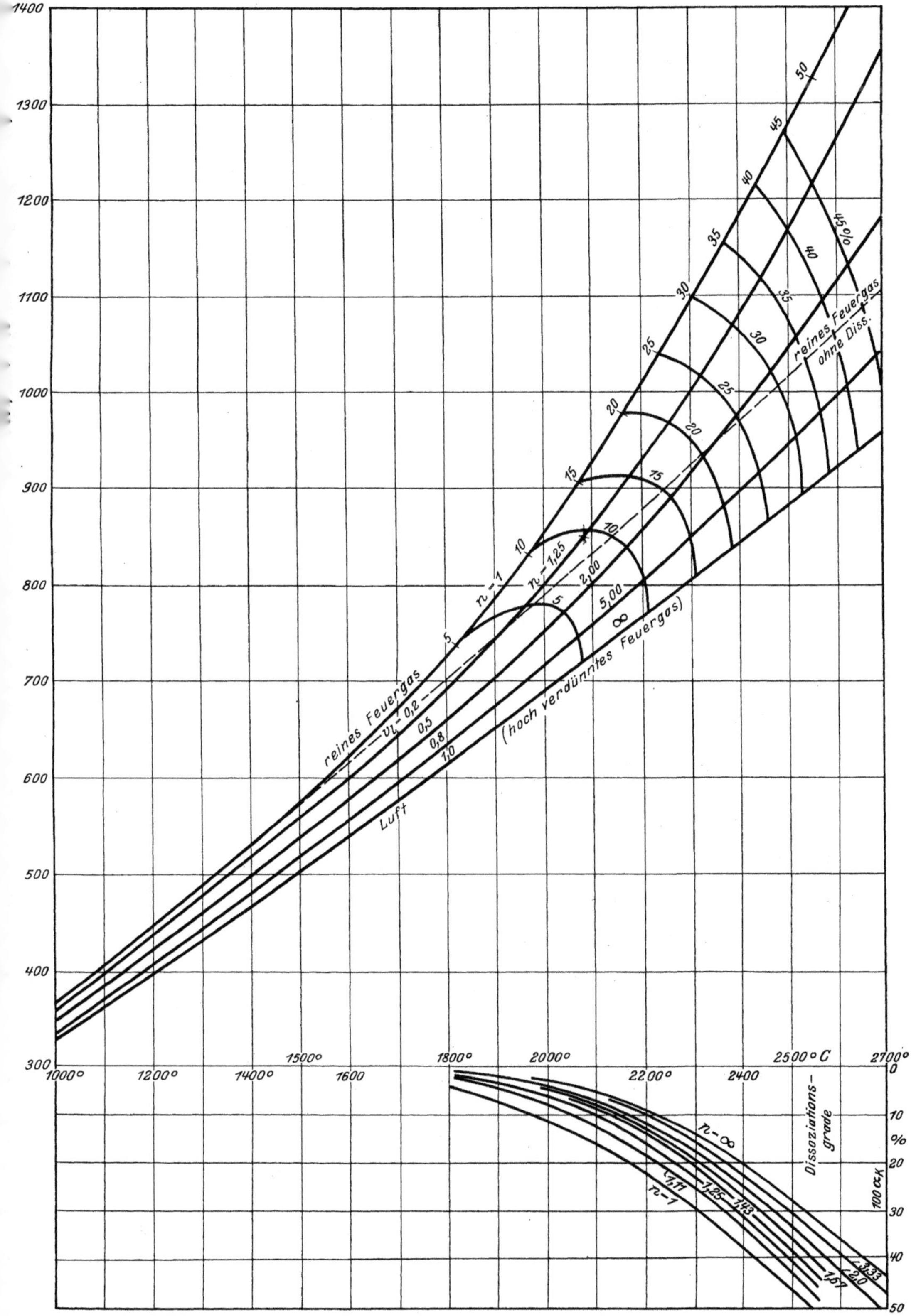

Verlag von Julius Springer, Berlin.

Thermodynamik. Die Lehre von den Kreisprozessen, den physikalischen und chemischen Veränderungen und Gleichgewichten. Eine Hinführung zu den thermodynamischen Problemen unserer Kraft- und Stoffwirtschaft. Von Professor Dr. **W. Schottky,** Rostock, in Gemeinschaft mit Privatdozent Dr. **H. Ulich,** Rostock, und Privatdozent Dr. **C. Wagner,** Jena. Mit 90 Abbildungen und 1 Tafel. XXV, 619 Seiten. 1929.
RM 56.—; gebunden RM 58.80

Lehrbuch der Thermochemie und Thermodynamik. Von **Otto Sackur †.** Zweite Auflage von **Cl. von Simson.** Mit 58 Abbildungen. XVI, 347 Seiten. 1928. RM 18.—; gebunden RM 19.40

Anwendung der Thermodynamik. Bearbeitet von E. Freundlich, W. Jaeger, M. Jakob, W. Meißner, O. Meyerhof, C. Müller, K. Neumann, M. Robitzsch, A. Wegener. Redigiert von **F. Henning.** Mit 198 Abbildungen. (Bildet Band XI des Handbuches der Physik, herausgegeben von H. Geiger und K. Scheel.) VIII, 454 Seiten. 1926.
RM 34.50; gebunden RM 37.20

Graphische Thermodynamik und Berechnen der Verbrennungs-Maschinen und Turbinen. Von **M. Seiliger,** Ingenieur-Technolog. Mit 71 Abbildungen, 2 Tafeln und 14 Tabellen im Text. VIII, 250 Seiten. 1922. RM 6.40; gebunden RM 8.—

Die Entropietafel für Luft und ihre Verwendung zur Berechnung der Kolben- und Turbo-Kompressoren. Von Dipl.-Ing. Prof. **P. Ostertag,** Winterthur. Zweite, verbesserte Auflage. Mit 18 Textfiguren und 2 Diagrammtafeln. 46 Seiten. 1917. Unveränderter Neudruck 1922. RM 2.50

Neue Tabellen und Diagramme für Wasserdampf. Von Professor Dr. **Richard Mollier,** Dresden. Sechste, durchgesehene Auflage. Mit zwei Diagrammtafeln. 28 Seiten. 1929. RM 2.70

Diagramme und Tabellen zur Berechnung der Absorptions-Kältemaschinen. Von Dr.-Ing. **Fr. Merkel,** a. o. Professor an der Technischen Hochschule Dresden, und Dr.-Ing. **Fr. Bošnjaković,** Dresden. Mit 30 Textabbildungen und 4 Diagrammen auf Tafeln. V, 43 Seiten. 1929. RM 12.—

Kälteprozesse. Dargestellt mit Hilfe der Entropie-Tafel. Von Dipl.-Ing. Prof. **P. Ostertag,** Winterthur. Mit 58 Textabbildungen und 3 Tafeln. II, 118 Seiten. 1924. RM 6.—; gebunden RM 6.80

Technische Wärmelehre der Gase und Dämpfe. Eine Einführung für Ingenieure und Studierende. Von **Franz Seufert,** Studienrat a. D., Obering. für Wärmewirtschaft. Dritte, verbesserte Auflage. Mit 26 Textabbildungen und 5 Zahlentafeln. IV, 84 Seiten. 1923. RM 1.80

Die Wärmeübertragung. Ein Lehr- und Nachschlagebuch für den praktischen Gebrauch von Prof. Dipl.-Ing. **M. ten Bosch,** Zürich. Zweite, stark erweiterte Auflage. Mit 169 Textabbildungen, 69 Zahlentafeln und 53 Anwendungsbeispielen. VIII, 304 Seiten. 1927. Gebunden RM 22.50

Dampf- und Gasturbinen. Mit einem Anhang über die Aussichten der Wärmekraftmaschinen. Von Prof. Dr. phil. Dr.-Ing. **A. Stodola,** Zürich. Sechste Auflage. Unveränderter Abdruck der fünften Auflage mit einem Nachtrag nebst Entropie-Tafel für hohe Drücke und B¹T-Tafel zur Ermittelung des Rauminhaltes. Mit 1138 Textabbildungen und 13 Tafeln. XIII, 1141 Seiten. 1924. Gebunden RM 50.—

Nachtrag zur fünften Auflage von Stodolas Dampf- und Gasturbinen nebst Entropie-Tafel für hohe Drücke und B¹T-Tafel zur Ermittelung des Rauminhaltes. Mit 37 Abbildungen und 2 Tafeln. 32 Seiten. 1924. RM 3.—

Dieser der 6. Auflage angefügte Nachtrag ist auch als Sonderausgabe einzeln zu beziehen, um den Besitzern der 5. Auflage des Hauptwerkes die Möglichkeit einer Ergänzung auf den Stand der 6. Auflage zu bieten.

Sonderausgaben der Tafeln:

JS-Tafel für Wasserdampf. Sonderausgabe in doppelter Größe der Buchbeilage (d. i. Originalgröße). Neudruck 1926. RM 1.20

Entropie-Tafel I für Gase. Neudruck 1929. RM 1.—

Entropie-Tafel II für Gase (mit den wahren spezifischen Wärmen). Neudruck 1929. RM 1.—

Kolbendampfmaschinen und Dampfturbinen. Ein Lehr- und Handbuch für Studierende und Konstrukteure. Von Prof. **Heinrich Dubbel,** Ingenieur. Sechste, vermehrte und verbesserte Auflage. Mit 566 Textfiguren. VII, 523 Seiten. 1923. Gebunden RM 14.—

Kompressorlose Dieselmaschinen (Druckeinspritzmaschinen). Ein Lehrbuch für Studierende von Privatdozent Dr.-Ing. **Friedrich Saß,** Oberingenieur, Berlin. Mit 328 Textabbildungen. VII, 395 Seiten. 1929. Gebunden RM 52.—

Die Gestaltung und Berechnung von Rauchgasvorwärmern (Economisern). Von Dr.-Ing. **Lothar Possner.** Mit 117 Textabbildungen, 20 Zahlentafeln und zahlreichen Rechnungsbeispielen aus der Praxis. V, 152 Seiten. 1929. RM 14.50; gebunden RM 16.—

Berechnung und Verhalten von Wasserrohrkesseln. Ein graphisches Verfahren zum raschen Berechnen von Dampfkesseln nebst einer Untersuchung über ihr Verhalten im Betriebe. Von Dr.-Ing. **Friedrich Münzinger.** Mit 127 Abbildungen und 6 Zahlentafeln im Text. VIII, 125 Seiten sowie 20 Kurventafeln. 1929. In Mappe RM 24.—

Höchstdruckdampf. Eine Untersuchung über die wirtschaftlichen und technischen Aussichten der Erzeugung und Verwertung von Dampf sehr hoher Spannung in Großbetrieben. Von Dr.-Ing. **Friedrich Münzinger.** Zweite, unveränderte Auflage. Mit 120 Textabbildungen. XII, 140 Seiten. 1926. RM 7.20; gebunden RM 8.70

Thermodynamische Grundlagen der Kolben- und Turbokompressoren. Graphische Darstellungen für die Berechnung und Untersuchung. Von Oberingenieur **Adolf Hinz,** Frankfurt a. M. Zweite, verbesserte Auflage. Mit 73 Abbildungen und 20 graphischen Berechnungstafeln sowie 19 Zahlentafeln. VI, 68 Seiten. 1927. Gebunden RM 25.—

Der Wärmeübergang und die thermodynamische Berechnung der Leistung bei Verpuffungsmaschinen, insbesondere bei Kraftfahrzeug-Motoren. Von Dr.-Ing. **August Herzfeld.** Mit 27 Textabbildungen. VIII, 92 Seiten. 1925. RM 6.—

GPSR Compliance

The European Union's (EU) General Product Safety Regulation (GPSR) is a set of rules that requires consumer products to be safe and our obligations to ensure this.

If you have any concerns about our products, you can contact us on ProductSafety@springernature.com

In case Publisher is established outside the EU, the EU authorized representative is:

Springer Nature Customer Service Center GmbH
Europaplatz 3
69115 Heidelberg, Germany

Batch number: 10682323

Printed by Printforce, the Netherlands